"十二五"普通高等教育本科国家级规划教材

机类、近机类

机械设计基础系列课程教材

机械制图习题集（第二版）

Engineering Graphics and Mechanical Drawing: Workbook (Second Edition)

田 凌　许纪旻　主编
Tian Ling, Xu Jimin

清华大学出版社
北京

内 容 简 介

本习题集是清华大学国家级精品课"机械制图"的使用教材。主要内容包括制图基本知识和基本技能、几何元素的投影、体的构成及投影、形体的表达方法、机械零部件的表达方法等5个单元,涵盖了机械制图基础知识和基本技能训练的核心内容。此外,为方便教师选用,还配套制作了电子版习题答案和3D模型库,其他教学、学习参考资料,可以登录清华大学精品课网站查询。

本习题集可以作为高等院校机类、近机类各专业的本科生教材,也可作为电视大学、函授大学、网络学院、成人高校相关专业的教材,还可用作自学教材。

版权所有,侵权必究。举报:010-62782989,beiqinquan@tup.tsinghua.edu.cn。

图书在版编目(CIP)数据

机械制图习题集:机类、近机类/田凌,许纪旻主编. --2版. --北京:清华大学出版社,2013(2025.1重印)
机械设计基础系列课程教材
ISBN 978-7-302-32972-5

Ⅰ.①机… Ⅱ.①田…②许… Ⅲ.①机械制图—高等学校—习题集 Ⅳ.①TH126-44

中国版本图书馆CIP数据核字(2013)第147780号

责任编辑:庄红权
封面设计:常雪影
责任校对:王淑云
责任印制:刘海龙

出版发行:清华大学出版社
网　　址:https://www.tup.com.cn, https://www.wqxuetang.com
地　　址:北京清华大学学研大厦A座
邮　编:100084
社 总 机:010-83470000
邮　购:010-62786544
投稿与读者服务:010-62776969, c-service@tup.tsinghua.edu.cn
质 量 反 馈:010-62772015, zhiliang@tup.tsinghua.edu.cn

印 装 者:天津安泰印刷有限公司
经　　销:全国新华书店
开　　本:370mm×260mm　　　印　张:12　　　字　数:67千字
版　　次:2007年9月第1版　　　2013年9月第2版　　　印　次:2025年1月第17次印刷
定　　价:35.00元

产品编号:053326-05

前　言

本习题集是在田凌、许纪旻主编的《机械制图习题集》（机类、近机类）第1版的基础上，根据教育部高等学校工程图学课程教学指导委员会2005年制定的"高等学校工程图学课程教学基本要求"及最新发布的《机械制图》、《技术制图》等国家标准编写而成，与清华大学田凌、冯涓主编的教材《机械制图》（机类、近机类）第2版配套使用。

本套教材是清华大学国家级精品课"机械制图"课程的使用教材，编写中汲取了清华大学在机械制图教学中长期积累的丰富经验，特别注重体现精品课建设的经验和近十年来教学研究及改革的成果，立足于满足新的人才培养目标对图学教育的新要求。

本套教材第一版是普通高等教育"十一五"国家级规划教材，2007年9月出版以来，多次重印，2008年被评为北京市高等教育精品教材，2012年获清华大学优秀教材特等奖（每4年评选一次），2012年入选第一批"十二五"普通高等教育本科国家级规划教材，此次修订受到清华大学"985三期"名优教材建设项目的资助。

本习题集有以下特点：

(1) 与教材一致，按单元组织内容，前后呼应，有机结合。学生在学习的过程中有清晰的知识线索，循序渐进，避免盲目性，最终掌握完整的机械制图基础知识和基本技能。

(2) 每个单元有明确的阶段目标，教师可以围绕单元阶段目标设置研究型题目和动手实践专题，使学生能够及时运用所学知识研究问题和解决问题，增强综合实践能力。

(3) 编排顺序与教材相同，用"＊"号标示的题目为选作题，配套制作了电子版习题答案和3D模型库，可以登录清华大学精品课网站查询其他教学、学习参考资料。

本习题集由田凌、许纪旻主编，冯涓、刘朝儒、杨小庆提出了许多宝贵意见，武园浩、王占松、刘衍参加了部分绘图工作。清华大学机械制图课程组长期积累的教学经验和教改成果，是本习题集编写的重要基础，在此表示衷心感谢。

在本书编写过程中，得到了清华大学教务处的积极推动和大力支持，在此表示衷心感谢。还得到了清华大学出版社张秋玲编审和庄红权编辑的多方面支持和帮助，在此致以深情谢意。

由于编者水平有限，书中错误在所难免，敬请读者批评指正。

编　者
2013年8月于清华园

目 录

第1单元 机械制图的基本知识和基本技能 ... 1
- 练习1-1 字体练习 ... 1
- 练习1-2 线型练习 ... 2
- 练习1-3 计算机绘图练习 ... 3

第2单元 几何元素的投影 ... 4
- 练习2-1 点、直线和平面的投影 ... 4
  - 2-1-1 点的投影 ... 4
  - 2-1-2 直线的投影 ... 5
  - 2-1-3 平面的投影 ... 7
- 练习2-2 几何元素间的相对关系 ... 9
  - 2-2-1 几何元素间的平行问题 ... 9
  - 2-2-2 几何元素间的相交问题 ... 10
  - 2-2-3 几何元素间的垂直问题 ... 12
- 练习2-3 投影变换 ... 13
  - 2-3-1 换面法 ... 13
  - 2-3-2 旋转法 ... 15
- 练习2-4 综合问题解题训练 ... 16

第3单元 体的构成及投影 ... 18
- 练习3-1 基本体的投影 ... 18
  - 3-1-1 基本平面体 ... 18
  - 3-1-2 基本回转体 ... 19
- 练习3-2 平面与立体相交 ... 20
  - 3-2-1 平面与平面体相交 ... 20
  - 3-2-2 平面与回转体相交 ... 22
- 练习3-3 立体与立体相交 ... 25
  - 3-3-1 平面体与平面体及回转体相交 ... 25
  - 3-3-2 两回转体相交 ... 27
  - 3-3-3 多形体相交 ... 30
- 练习3-4 组合体的三视图 ... 32
  - 3-4-1 根据组合体的两个视图和直观图画出第三视图 ... 32
  - 3-4-2 根据组合体的两个视图画出第三视图 ... 33
  - 3-4-3 改正组合体视图中的错误 ... 38
- 练习3-5 轴测图 ... 39

第4单元 形体的表达方法 ... 41
- 练习4-1 机件的表达方法 ... 41
  - 4-1-1 局部视图和斜视图 ... 41
  - 4-1-2 剖视图 ... 42
  - 4-1-3 断面图 ... 47
  - *4-1-4 轴测剖视图和第三角投影练习 ... 48
- 练习4-2 组合体尺寸标注 ... 49
  - 4-2-1 改正不符合基本规则的尺寸注法 ... 49
  - 4-2-2 尺寸标注练习 ... 51
- 练习4-3 表达方法综合训练 ... 53

第5单元 机械零部件的表达方法 ... 56
- 练习5-1 标准件与常用件 ... 56
  - 5-1-1 螺纹 ... 56
  - 5-1-2 螺纹连接和螺纹紧固件连接 ... 58
  - 5-1-3 齿轮、键和销 ... 59
- 练习5-2 零件图 ... 61
  - 5-2-1 根据轴测图画零件图 ... 61
  - 5-2-2 读零件图 ... 65
  - 5-2-3 零件的尺寸标注 ... 67
  - 5-2-4 零件局部构形设计 ... 69
  - 5-2-5 零件的技术要求——尺寸公差与配合 ... 71
  - 5-2-6 零件的技术要求——几何公差 ... 72
- 练习5-3 装配图的绘制 ... 73
  - 5-3-1 拼画手压阀装配图 ... 74
  - 5-3-2 拼画转子泵装配图 ... 77
  - 5-3-3 拼画减速箱装配图 ... 80
- 练习5-4 读装配图,拆画零件图 ... 86
  - 5-4-1 读平口钳装配图,拆画其零件图 ... 88
  - 5-4-2 读顶尖座装配图,拆画其零件图 ... 89
  - 5-4-3 读快速阀装配图,拆画其零件图 ... 90
  - 5-4-4 读齿轮油泵装配图,拆画其零件图 ... 91

参考文献 ... 92

第1单元 机械制图的基本知识和基本技能

练习1-1 字体练习

ABCDEFGHIJKLMNOPQRSTUVWXYZ

abcdefghijklmnopqrstuvwxyz

0123456789ØR

大学院系班级机械制图校核审定比例件壳体架

通倒圆末条杆套端盖数量钉钻铜钢铸铝向剖视

旋转轮轴部阶斜姓名角备全余求技栓标材料称

标准注深沉术其座序号螺母要垫圈零张装配孔

第1单元 机械制图的基本知识和基本技能　　练习1-2 线型练习

练习1-3 计算机绘图练习

1. 用AutoCAD软件以交互方式绘制如下几何图形，尺寸自定。

2. 用AutoCAD软件以交互方式绘制如下平面图形，比例1∶1，不注尺寸。

3. 以交互方式绘制如下图所示的轴系装配图，其中轴承型号为6206，比例1∶1，画图时将轴承做成块。

4. 利用Solidworks软件构建下图所示的三维实体模型，尺寸自定。

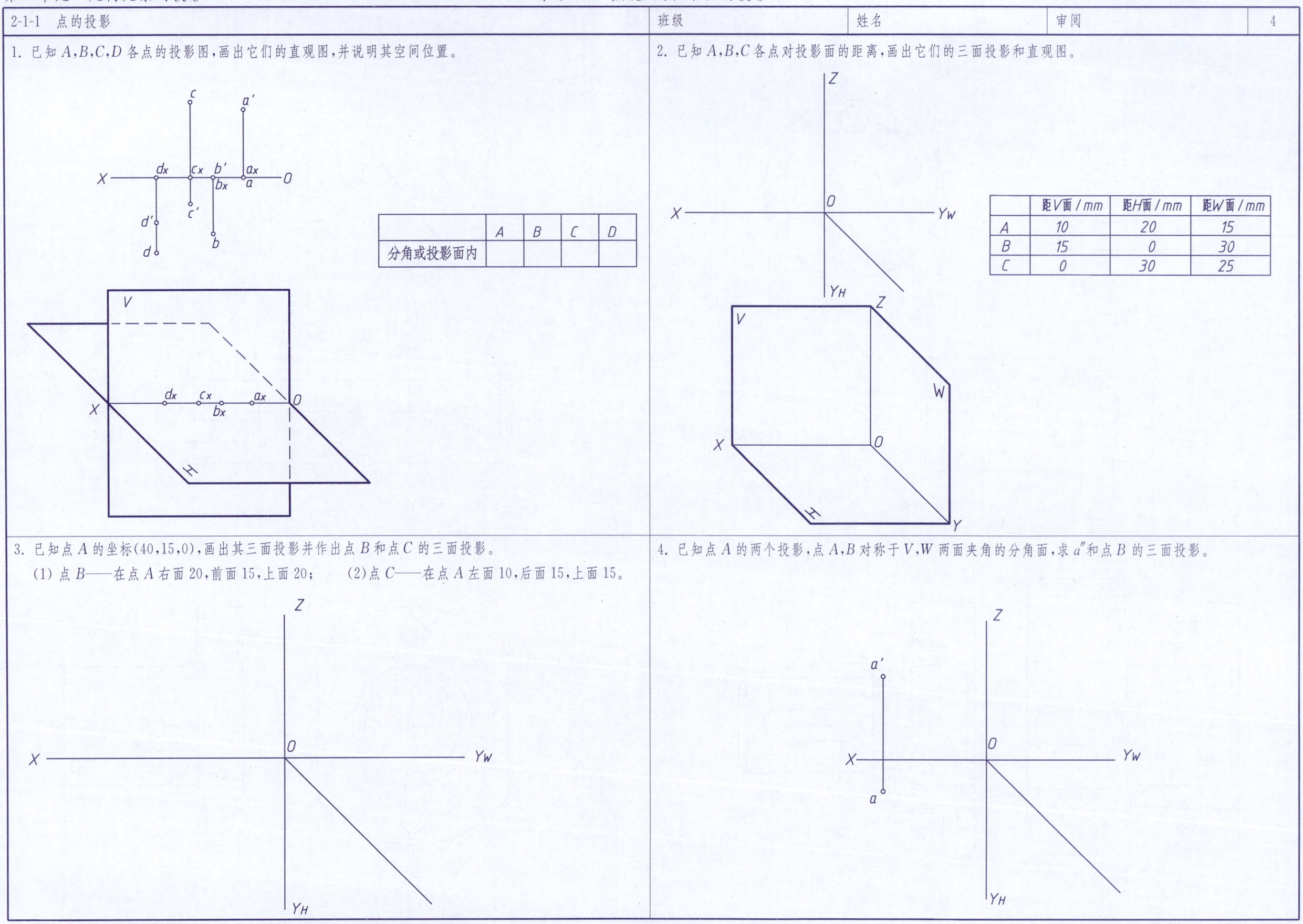

第 2 单元　几何元素的投影	练习 2-1　点、直线和平面的投影
2-1-1　点的投影	班级　　　姓名　　　审阅　　　4

1. 已知 A,B,C,D 各点的投影图,画出它们的直观图,并说明其空间位置。

	A	B	C	D
分角或投影面内				

2. 已知 A,B,C 各点对投影面的距离,画出它们的三面投影和直观图。

	距 V 面 /mm	距 H 面 /mm	距 W 面 /mm
A	10	20	15
B	15	0	30
C	0	30	25

3. 已知点 A 的坐标 (40,15,0),画出其三面投影并作出点 B 和点 C 的三面投影。

　(1) 点 B——在点 A 右面 20,前面 15,上面 20;　　(2) 点 C——在点 A 左面 10,后面 15,上面 15。

4. 已知点 A 的两个投影,点 A,B 对称于 V,W 两面夹角的分角面,求 a'' 和点 B 的三面投影。

| 2-1-2 直线的投影 | 班级 | 姓名 | 审阅 | 5 |

1. 已知三脚架的两个投影，试判断 S_1S_2，S_2A，S_2B 各为何种位置直线，并作出它们的侧面投影。

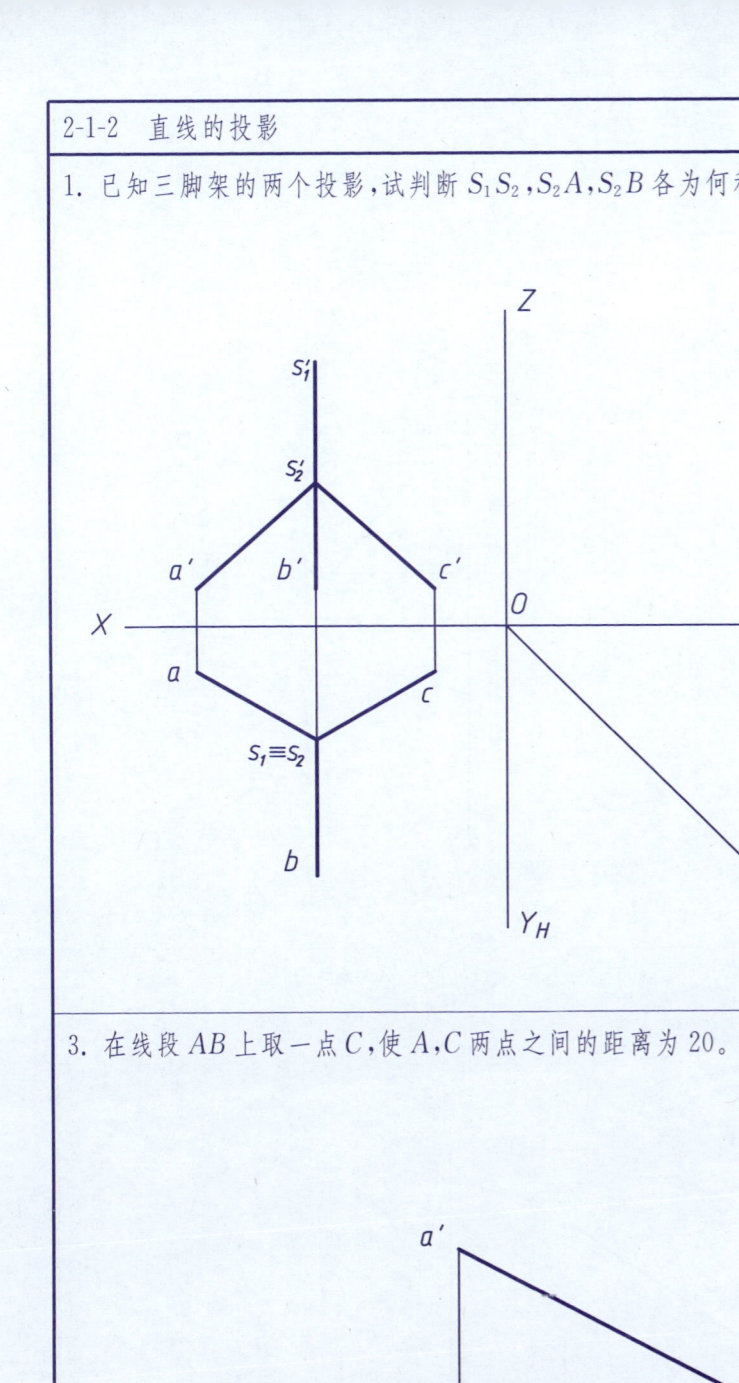

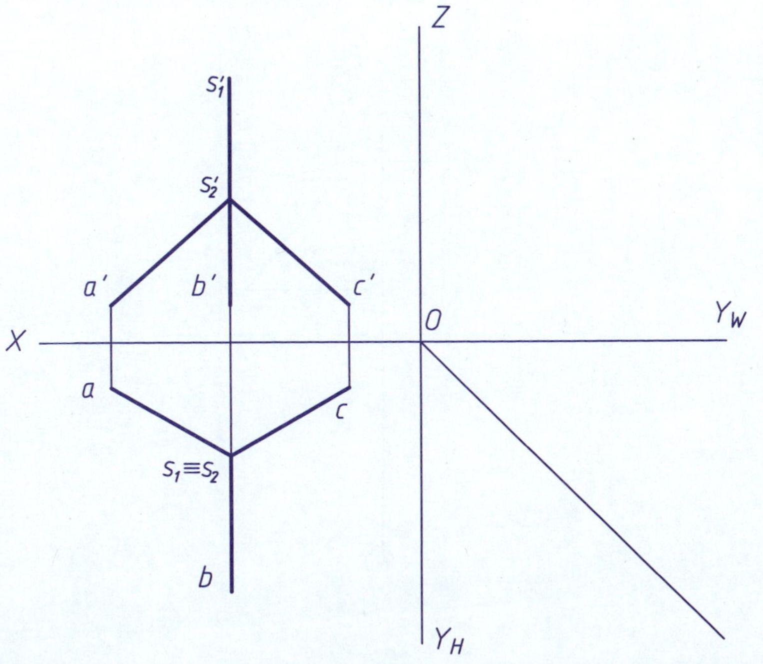

S_1S_2 是 _____ 线。

S_2A 是 _____ 线。

S_2B 是 _____ 线。

2. 已知线段 AB 的实长 L 及其一个投影，求作其另一个投影。

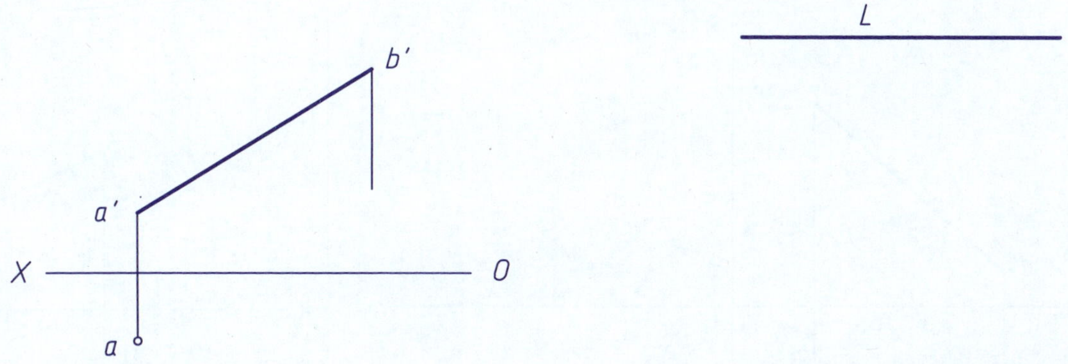

3. 在线段 AB 上取一点 C，使 A，C 两点之间的距离为 20。

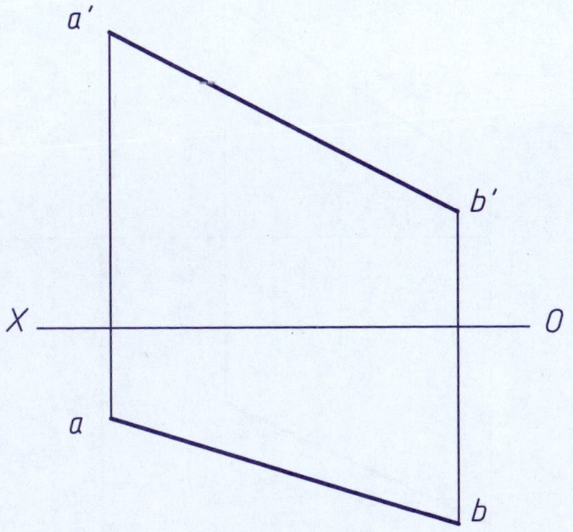

4. 在线段 AB 上取一点 C，使 A，C 两点之间的距离为 20。

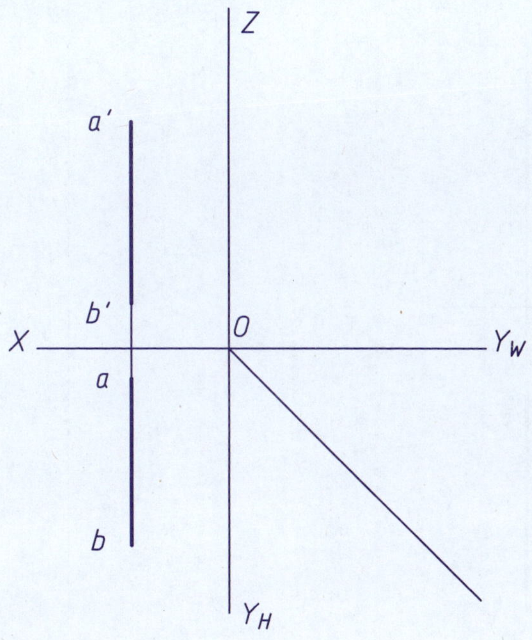

| 2-1-2 直线的投影(续) | 班级 | 姓名 | 审阅 | 6 |

*5. 在线段 AB 上取一点 C,使它与 H 面和 V 面的距离相等,再取一点 D,使 D 点的 Z 坐标与 Y 坐标之比 $Zd:Yd=2:1$。

6. 已知直线 $CD=DE$,试求直线 DE 的水平投影。

7. 过点 C 作 AB 的平行线 CD,实长为 20(先作出 AB 的水平投影,后作 CD 的三面投影)。

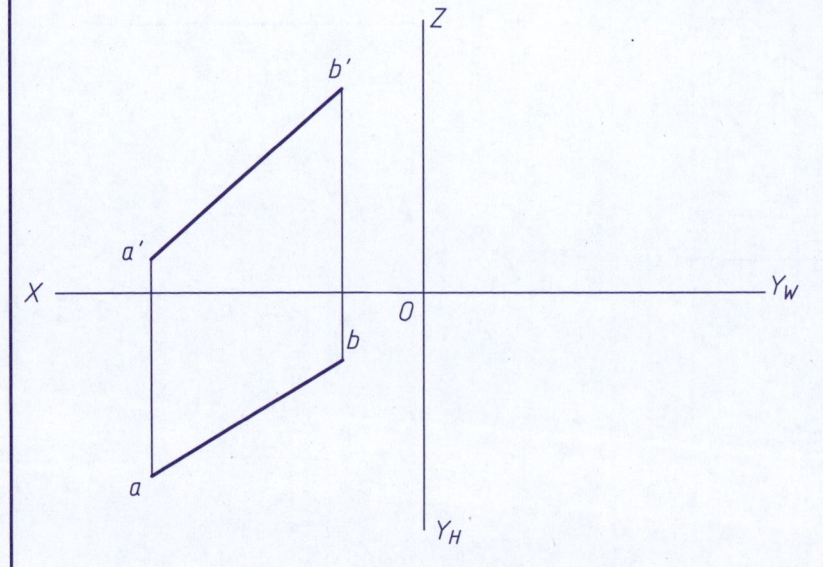

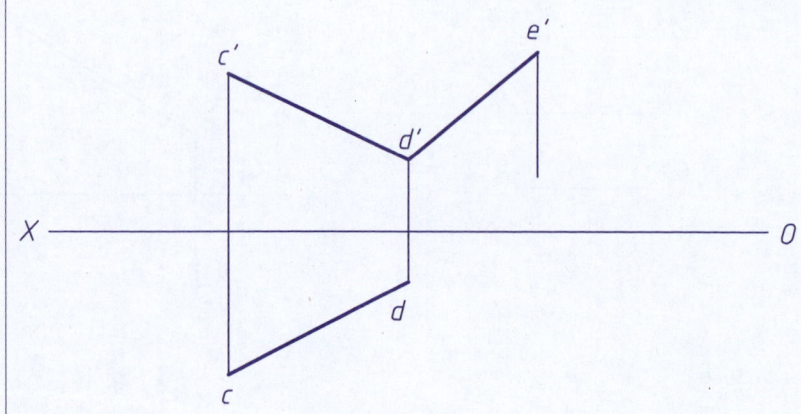

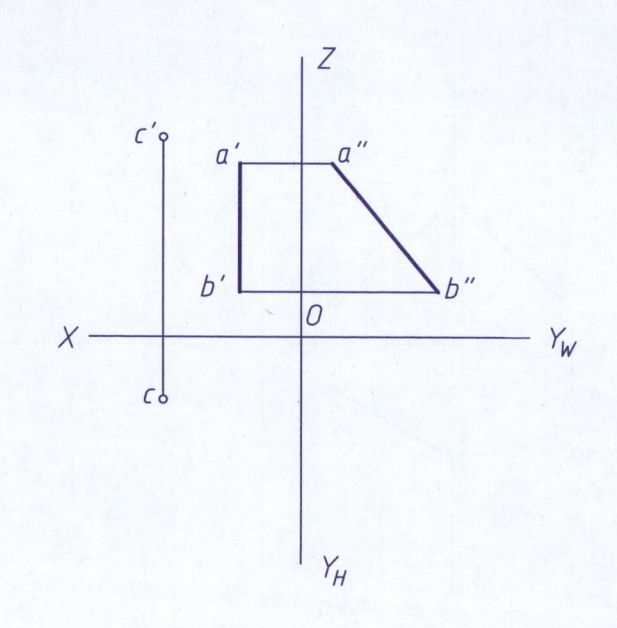

8. 作水平线与两已知直线 AB 和 CD 相交并与 H 面相距 25。

9. 作一直线 MN 与已知直线 CD,EF 相交,同时与 AB 平行(点 M 在 CD 上,点 N 在 EF 上)。

10. 过点 C 作一直线 MN 与直线 AB 和 OX 轴都相交。

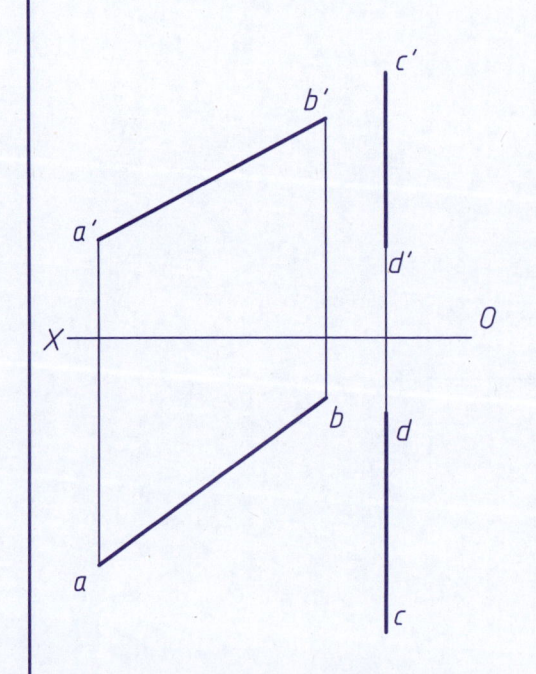

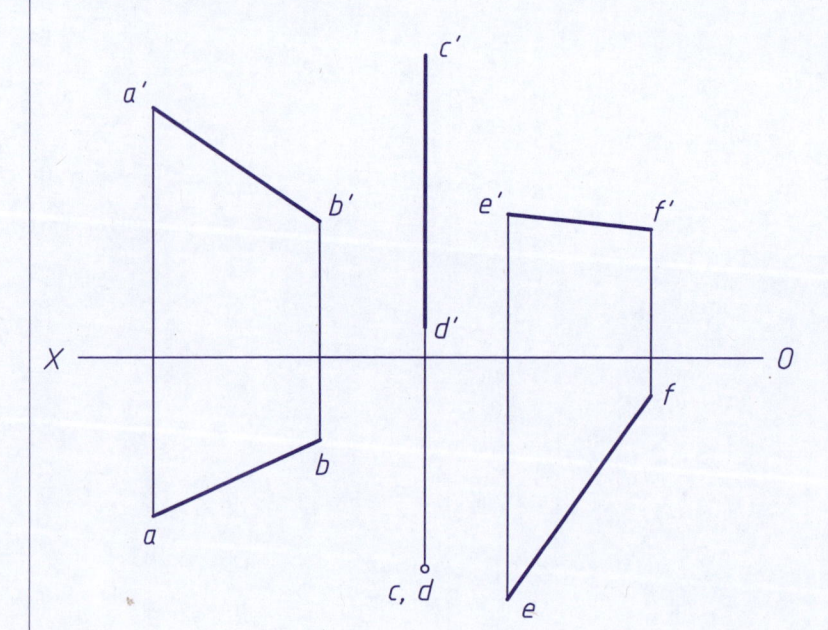

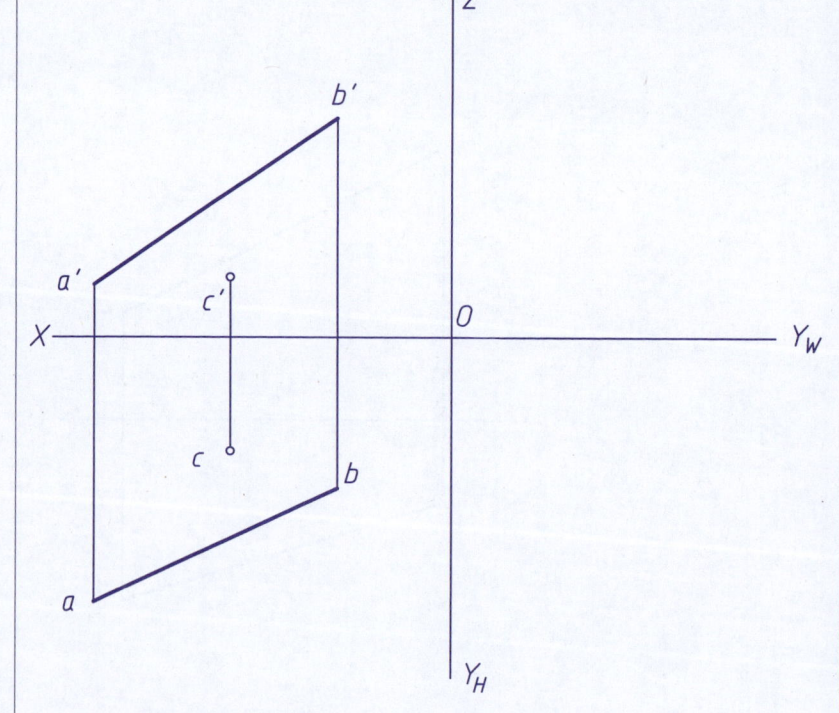

| 2-1-3 平面的投影 | 班级 姓名 审阅 | 7 |

1. 已知平面的两个投影,求作第三投影。

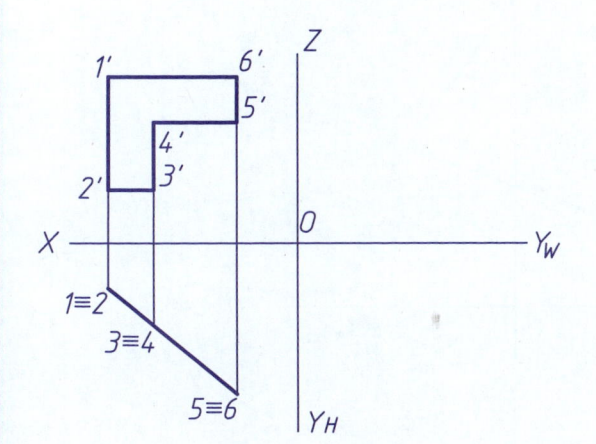

2. 已知平面的两个投影,求作第三投影。

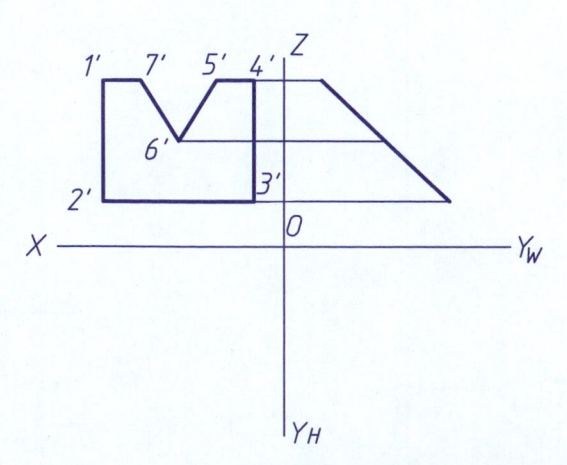

3. 已知平面的两个投影,求作第三投影。

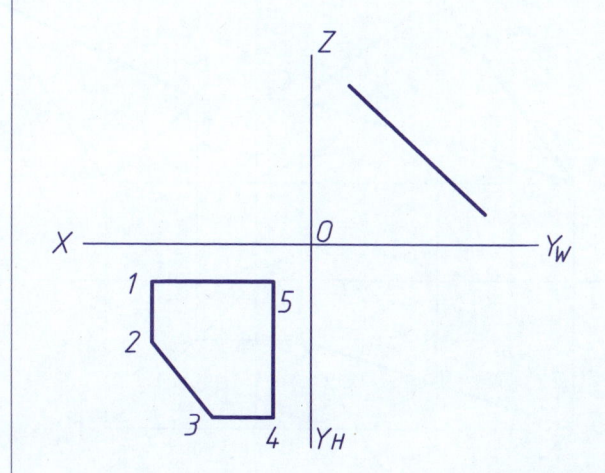

4. 已知平面的两个投影,求作第三投影。

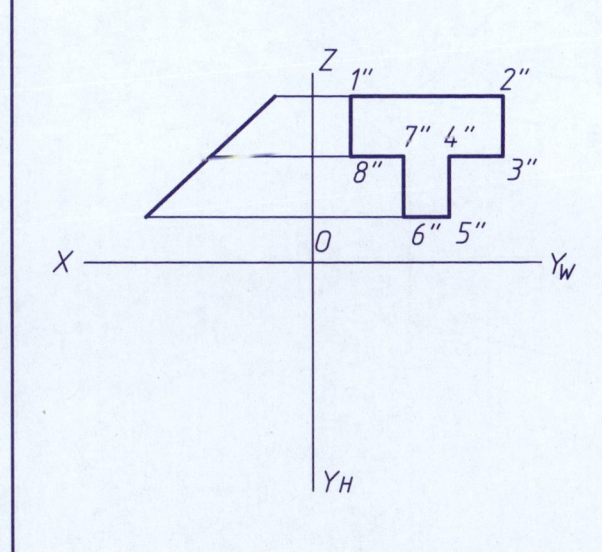

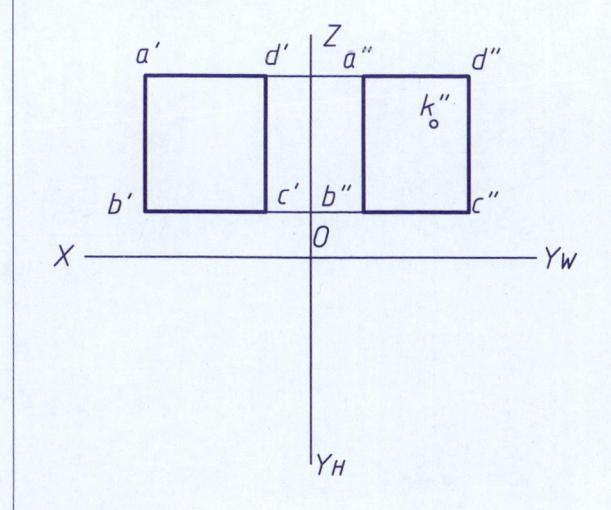

5. 已知平面 ABCD 上一点 K 的一个投影,作出此平面的第三投影及点 K 的其他两个投影。

6. 已知平面 ABC 上一点 K 的一个投影,作出此平面的第三投影及点 K 的其他两个投影。

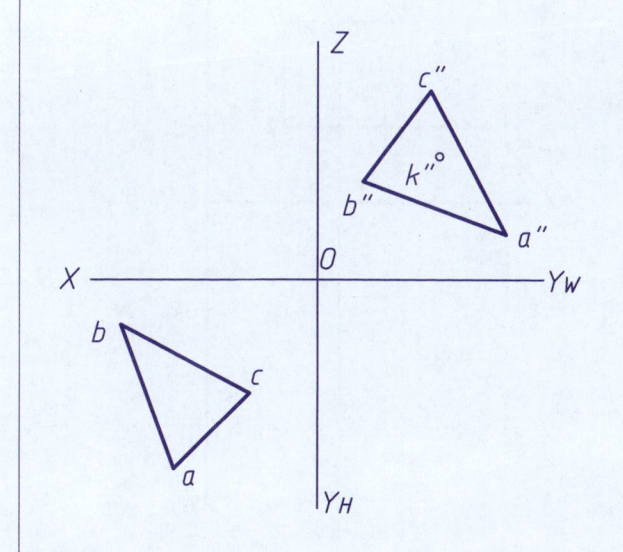

2-1-3 平面的投影（续）　　　班级　　　姓名　　　审阅　　8

7. 在已知平面 ABC 内作一点 D，使其距 H 面 30，距 W 面 20。

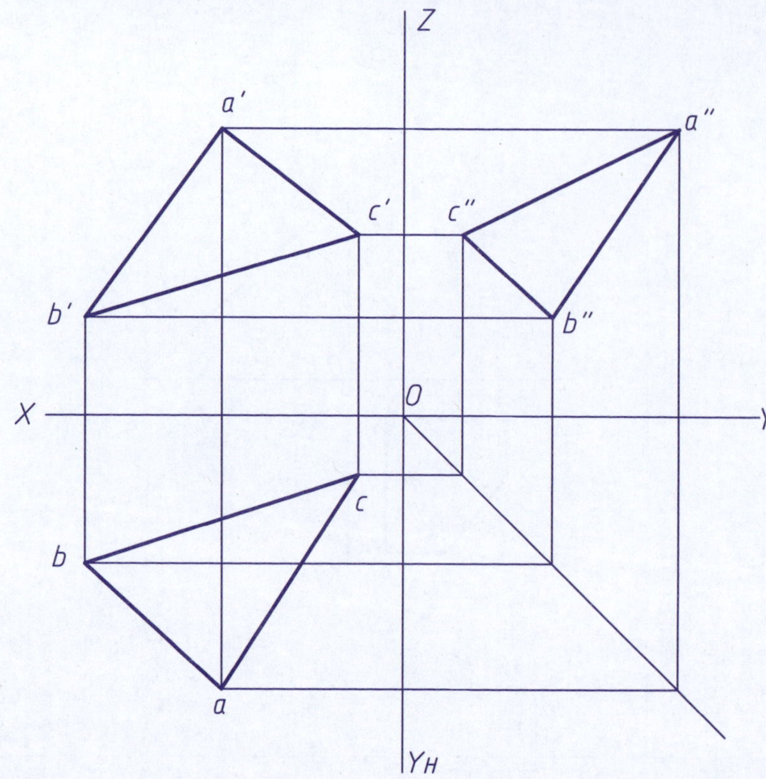

8. 已知平面 ABCDE 的一个投影，求作另一个投影。

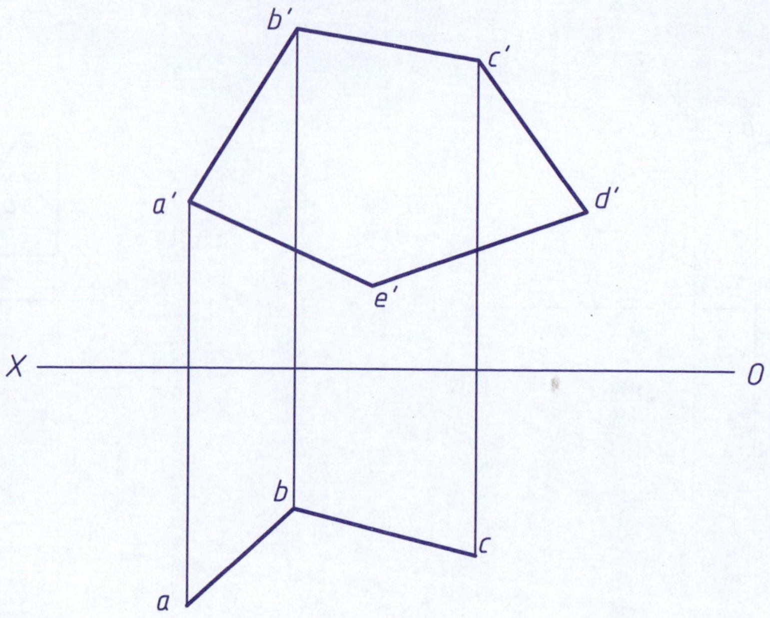

9. 完成平面图形 ABCDEFGH 的另一个投影。

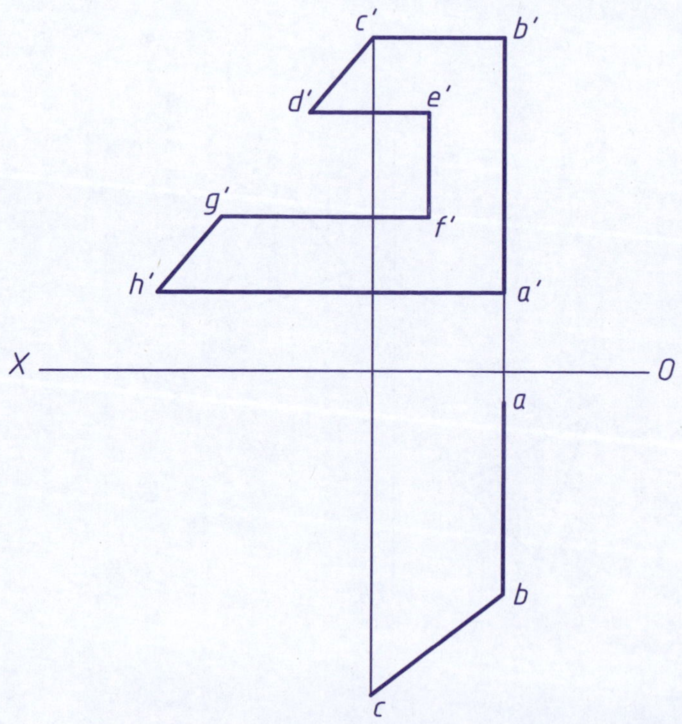

10. 三角形 EFG 位于平面 ABCD 内，求作 ABCD 及 EFG 的水平投影。

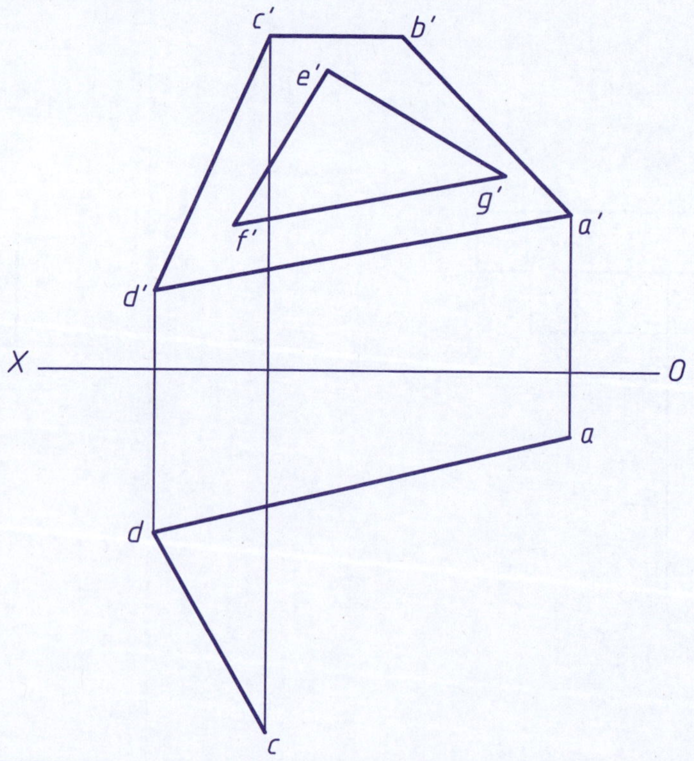

练习 2-2 几何元素间的相对关系

2-2-1 几何元素间的平行问题

1. 已知直线 AB 平行于由两条平行直线 CD、EF 确定的平面，完成 AB 的投影。

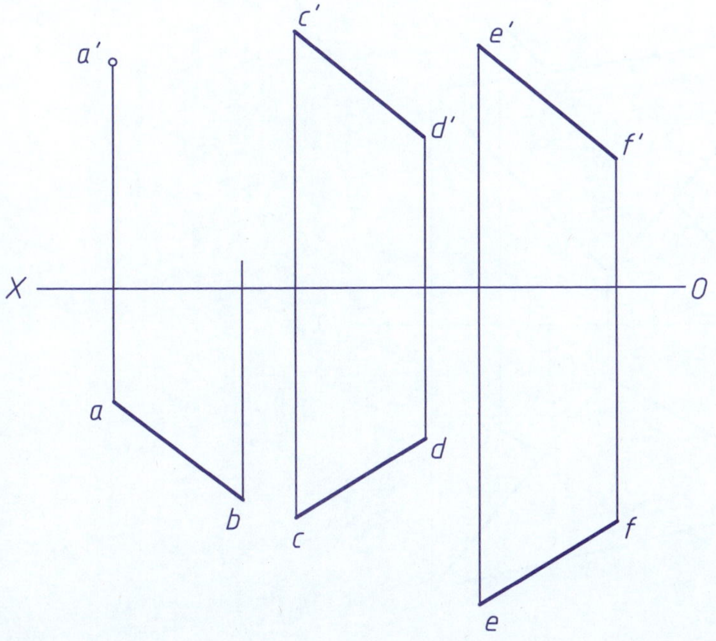

2. 已知直线 MN 和三角形 ABC 平行，求作此三角形的水平投影。

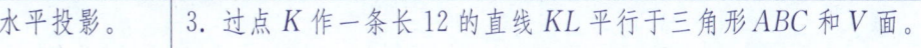

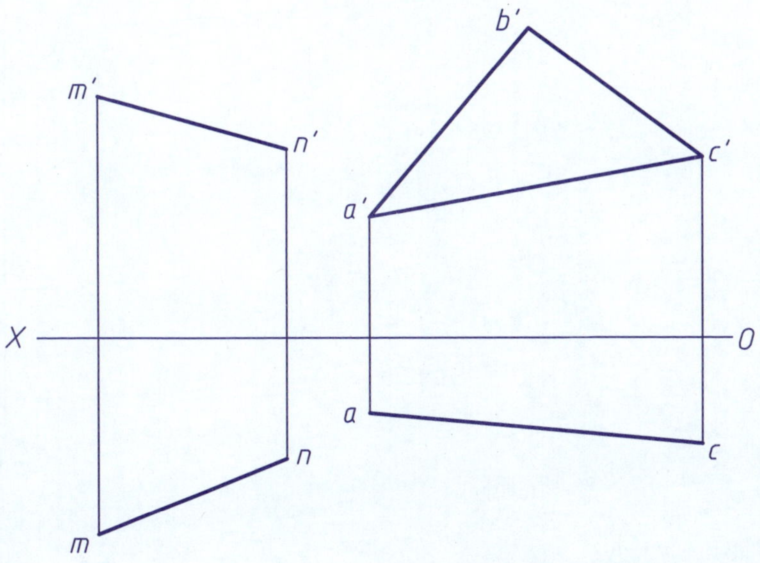

3. 过点 K 作一条长 12 的直线 KL 平行于三角形 ABC 和 V 面。

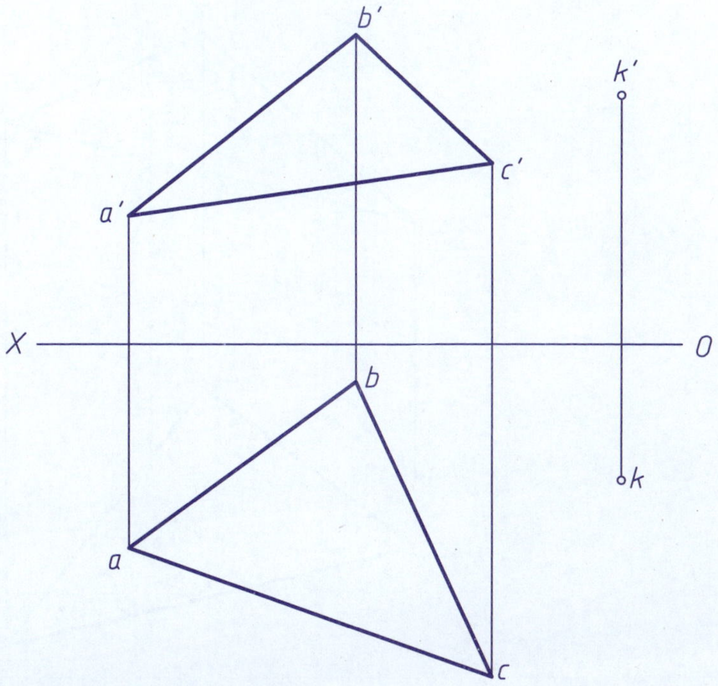

4. 已知由两条平行直线 AB、CD 确定的平面 P 平行于三角形 EFG，试完成平面 P 的投影。

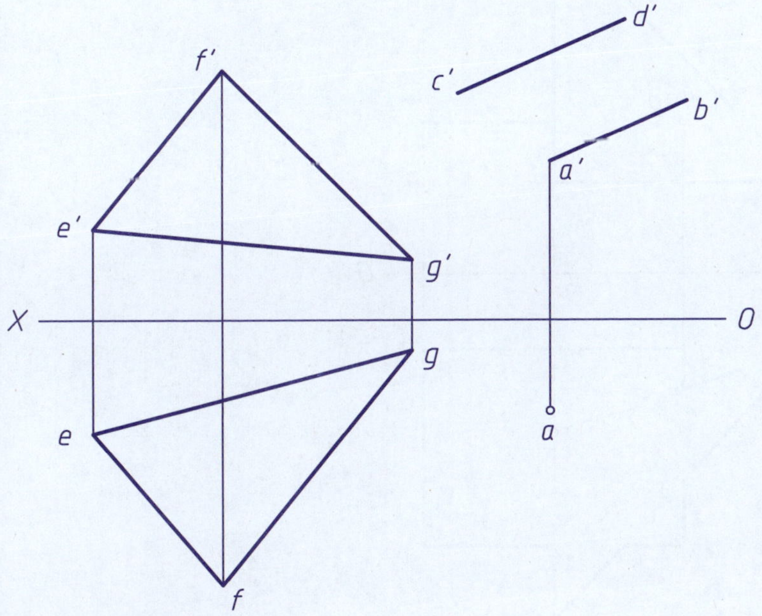

5. 平面 ABC 和 DEF 相互平行，完成 DEF 的水平投影。

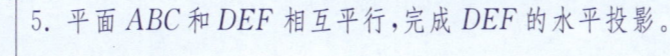

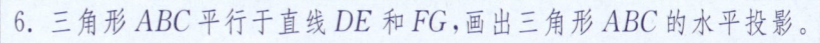

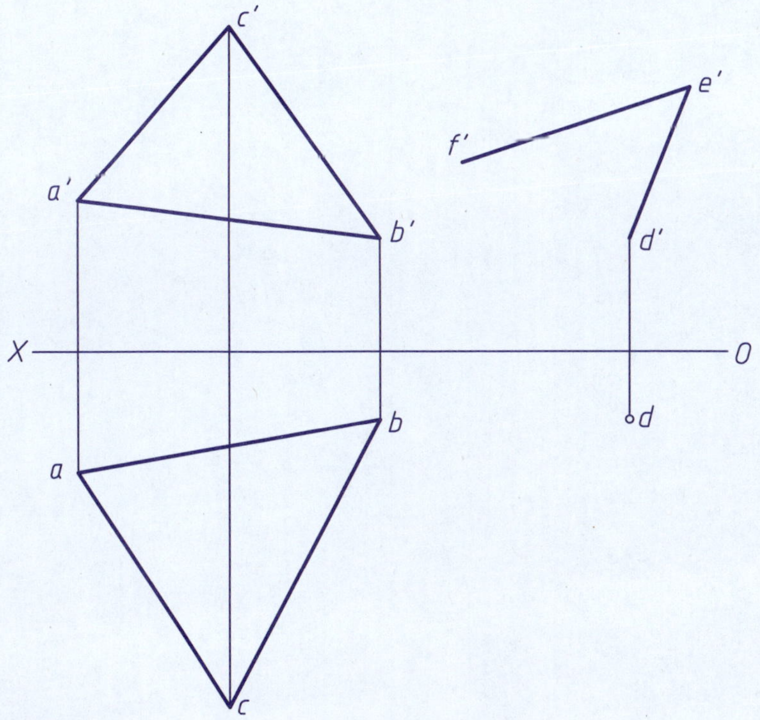

6. 三角形 ABC 平行于直线 DE 和 FG，画出三角形 ABC 的水平投影。

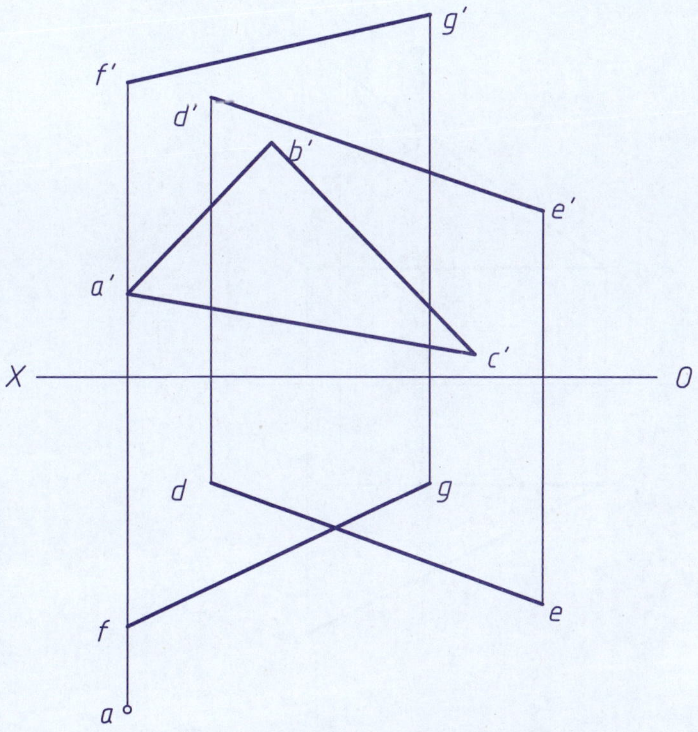

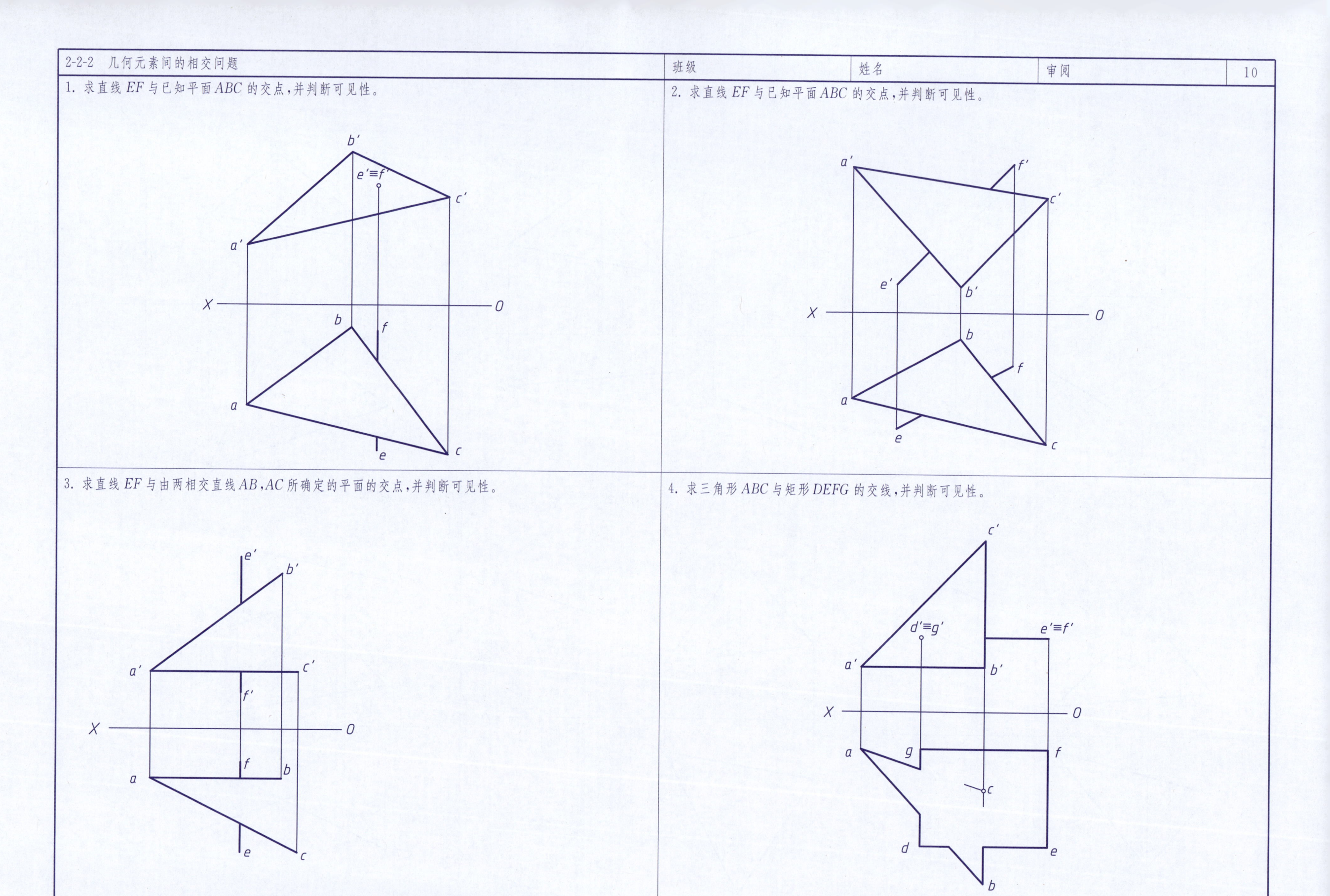

| 2-2-2　几何元素间的相交问题 | 班级 | 姓名 | 审阅 | 10 |

1. 求直线 EF 与已知平面 ABC 的交点，并判断可见性。

2. 求直线 EF 与已知平面 ABC 的交点，并判断可见性。

3. 求直线 EF 与由两相交直线 AB，AC 所确定的平面的交点，并判断可见性。

4. 求三角形 ABC 与矩形 DEFG 的交线，并判断可见性。

| 2-2-2 几何元素间的相交问题(续) | 班级 | 姓名 | 审阅 | 11 |

5. 求作直线 AB 与相交两平面 CDF 及 DEF 的交点,并判断可见性。

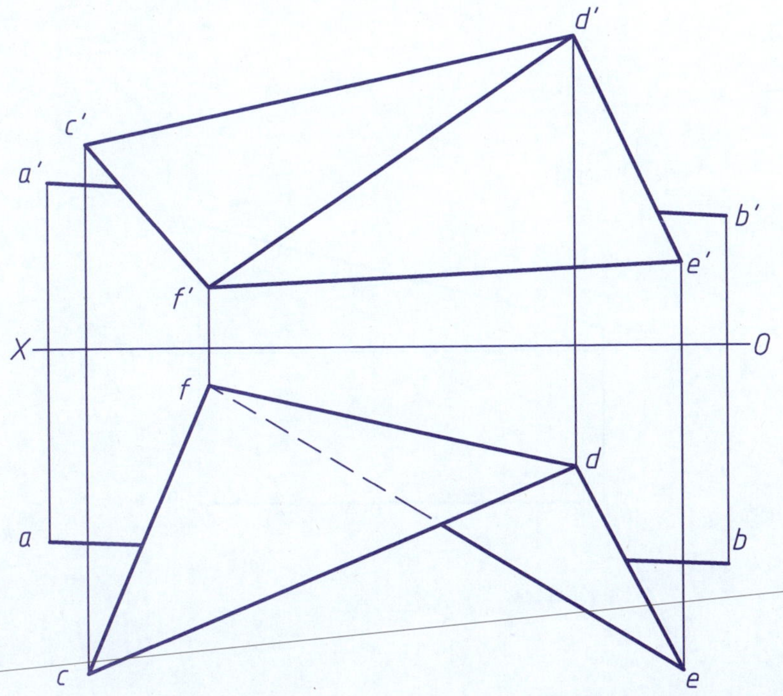

6. 求作三角形 ABC 与三角形 DEF 的交线,并判别可见性。

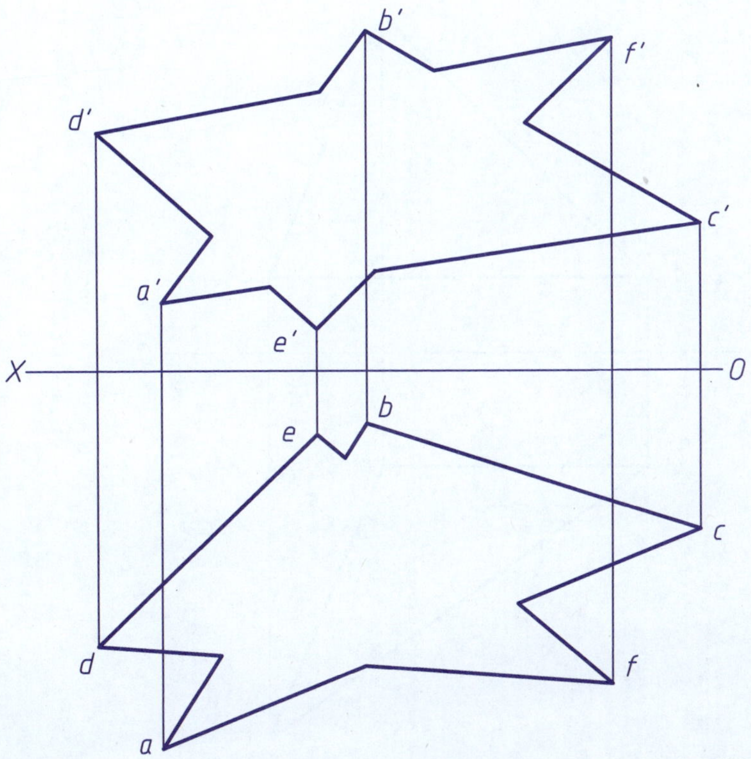

7. 过点 A 作直线与两已知直线 BC 及 EF 相交。

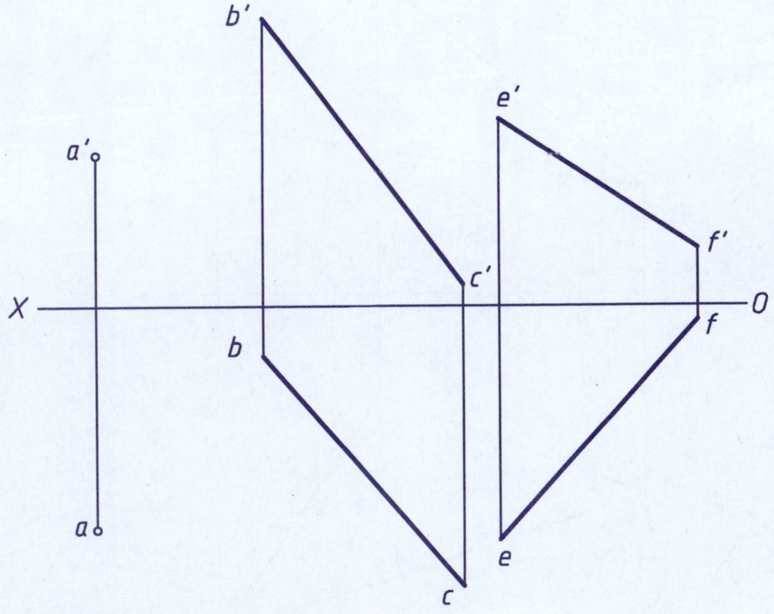

8. 求作两已知平面 ABC 与 DEFG 的交线。

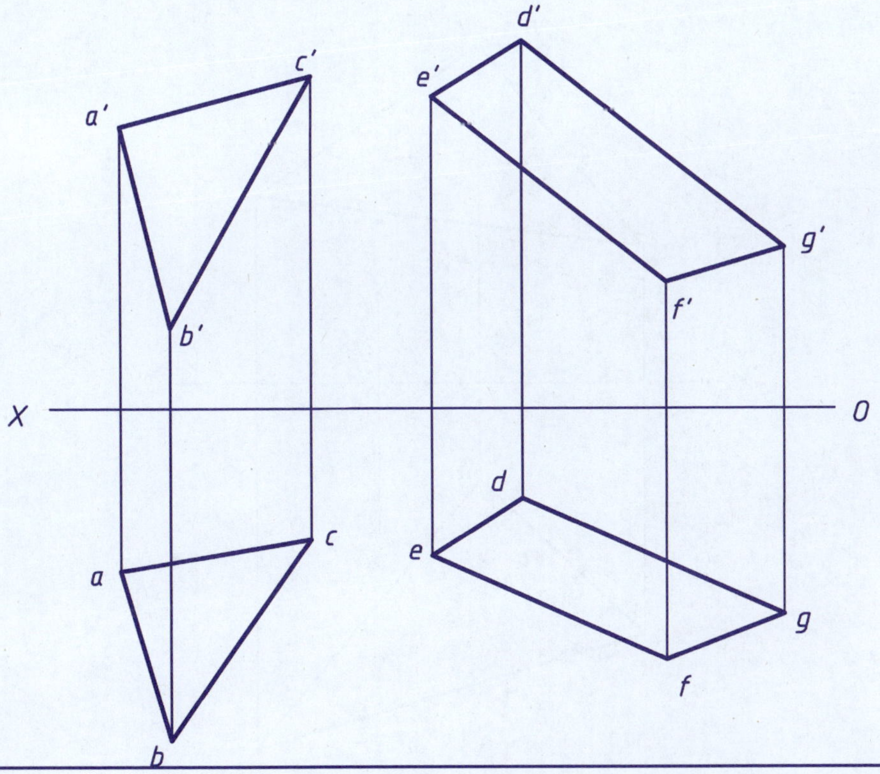

| 2-2-3 几何元素间的垂直问题 | 班级 | 姓名 | 审阅 | 12 |

1. 求作三角形 ABC 的垂心 K。

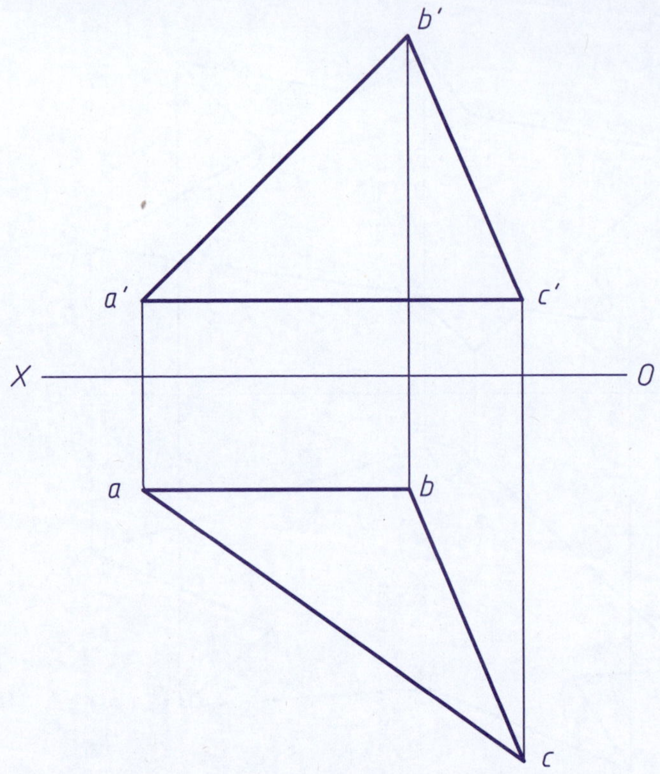

2. 试作一正方形 ABCD，其 BC 边在正平线 BM 上。

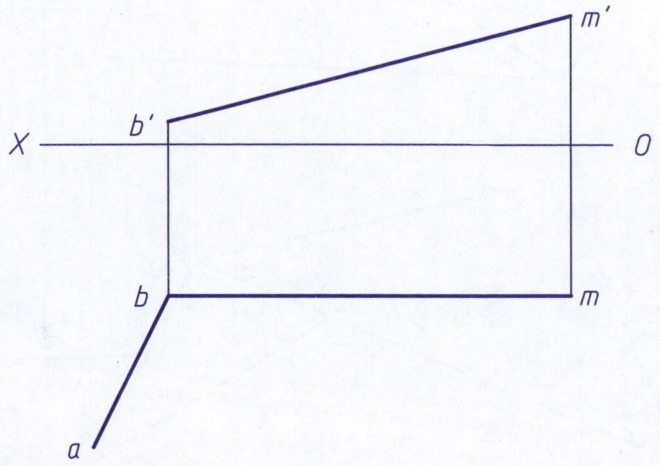

3. 求点 P 到三角形 ABC 的真实距离。

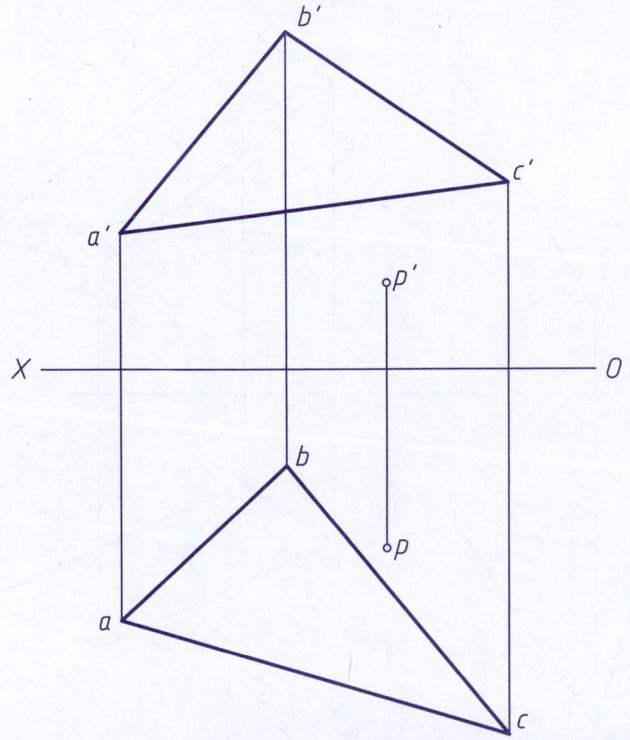

4. 求三角形 ABC 与 V 面所成倾角的实际大小。

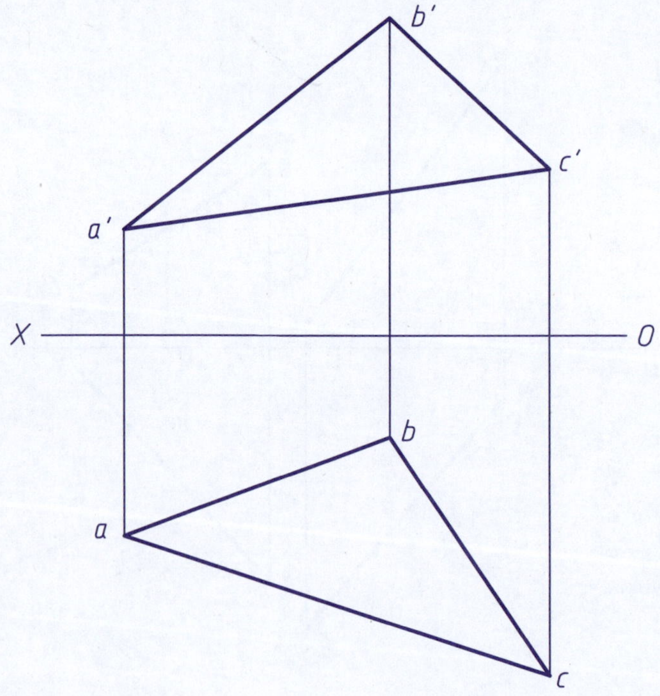

第 2 单元 几何元素的投影

练习 2-3 投影变换

2-3-1 换面法

1. 求点 D 到三角形 ABC 的距离,并画出其垂足 K 的投影。

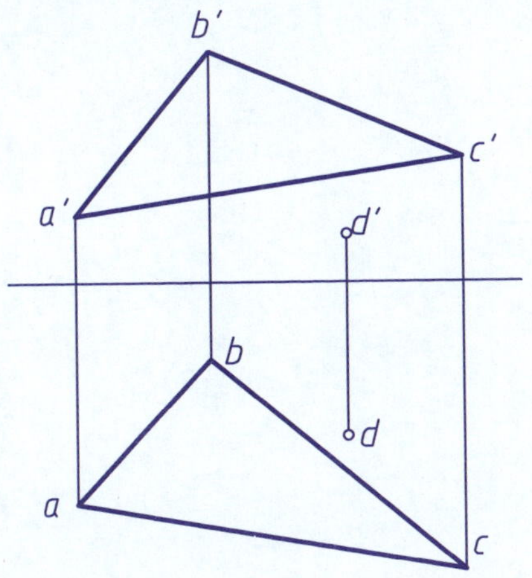

2. 以 AB 为底作等腰三角形 ABC,其高为 30,并与 H 面成 45°角。

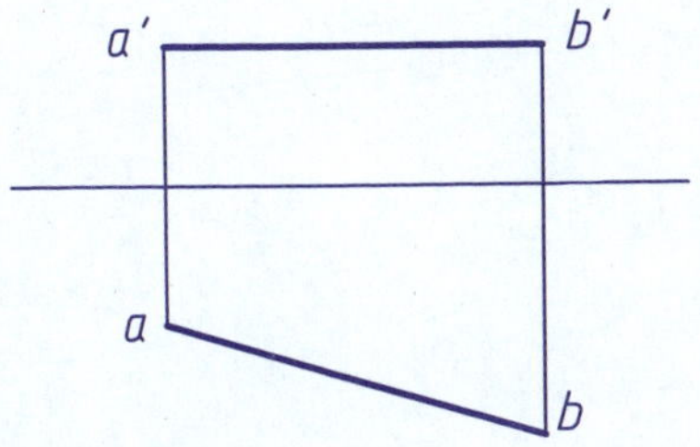

3. 已知线段 DE 平行于三角形 ABC,与三角形 ABC 的距离为 15,求线段 DE 的正面投影。

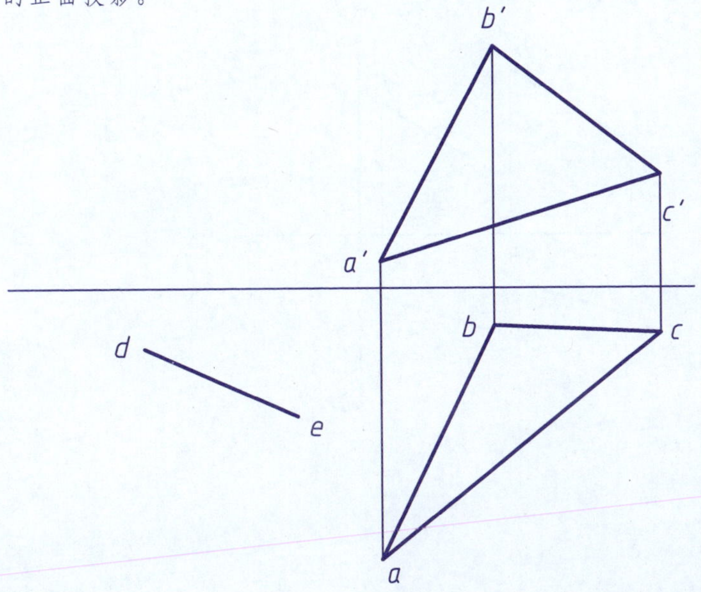

4. 已知入射光线为 AK 方向,反射光线为 KB 方向,试确定反射镜面的位置及其投影(镜面用以 K 为中心的正方形表示,边长为 20,其中有两条边是水平线)。

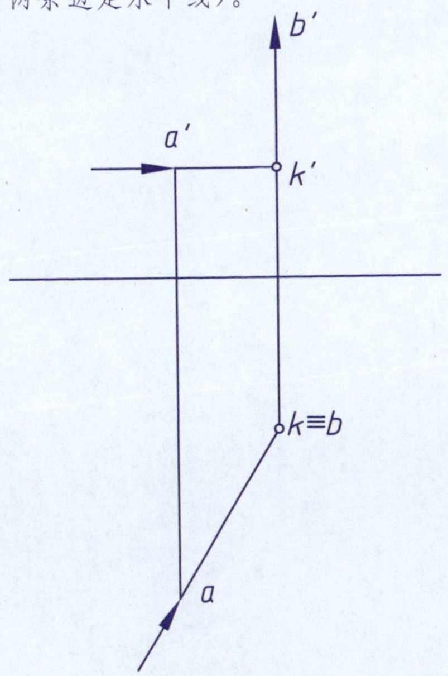

5. 在三角形 ABC 所确定的平面上找一点 K,使点 K 与点 A 距离 15,与点 B 距离 25。

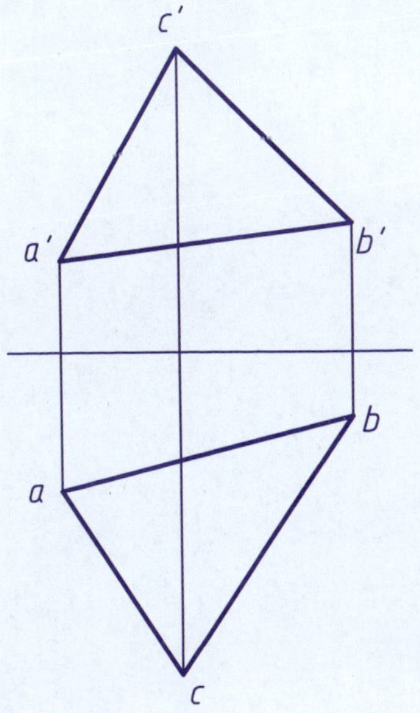

6. 作直线 CD 与 AB 相交成 60°角。

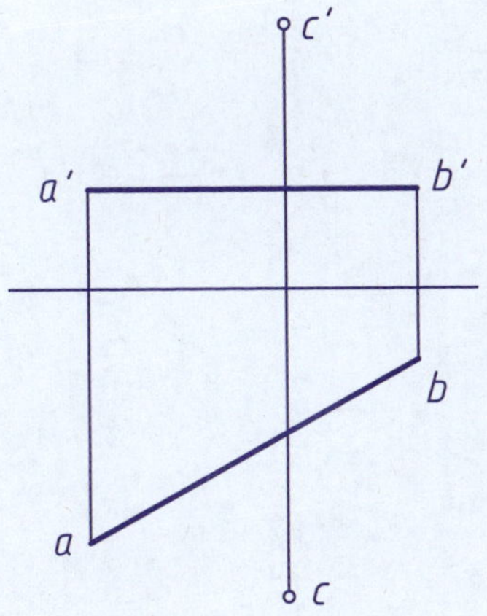

2-3-1 换面法(续)　　　　　　　　　　　　　　　　　　　　　　　班级　　　　姓名　　　　审阅　　14

7. 直线 AB∥CD，求作：(1)点 K 到直线 AB 及 CD 的距离；(2)直线 AB 与 CD 间的距离。

8. 已知直线 AB∥CD，且相距为 10，求 CD 的正面投影。

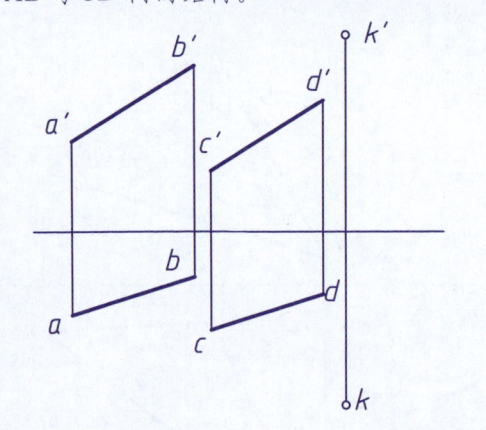

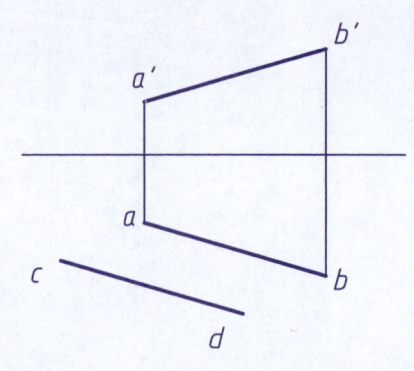

9. 试确定连接管子 AB 与 CD 的最短管子 EF 的位置及其长度。

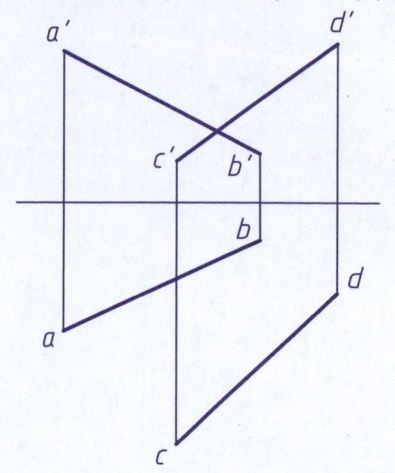

*10. 电流在导线中由 A 流向 B，试给出在点 C 处的磁场强度方向的投影。

*11. 试确定直线 AB 与三角形 DEF 夹角的实际大小。

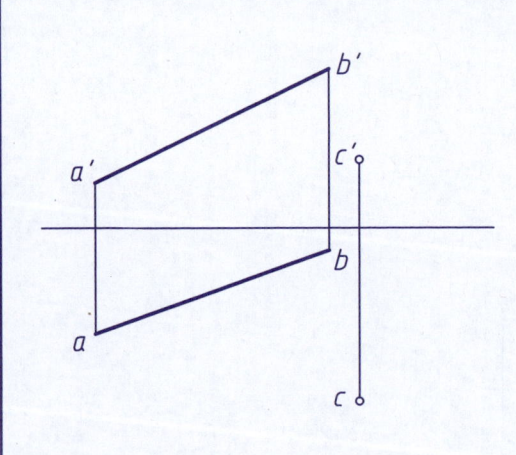

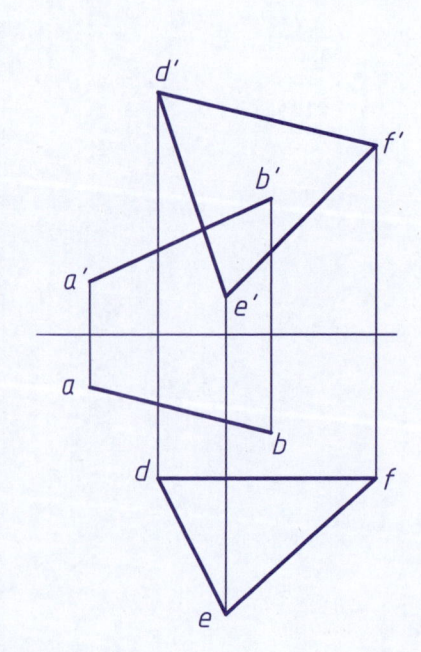

*12. 已知平面 ACD 垂直于平面 ABC，平面 AFG 同时垂直于 ACD 及 ABC，求作平面 ACD 和 AFG 的两个投影。

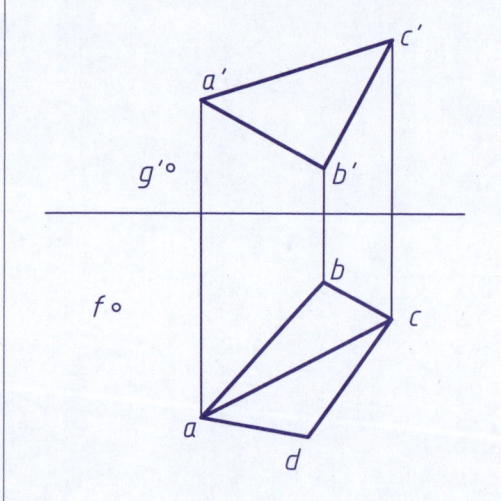

2-3-2 旋转法　　　　　　　　　　　　　　　　　　　　　　　班级　　　　　姓名　　　　　审阅　　　15

1. 用旋转法使点 K 绕经过点 B 并垂直于 H 面的轴转到三角形 ABC 平面上。

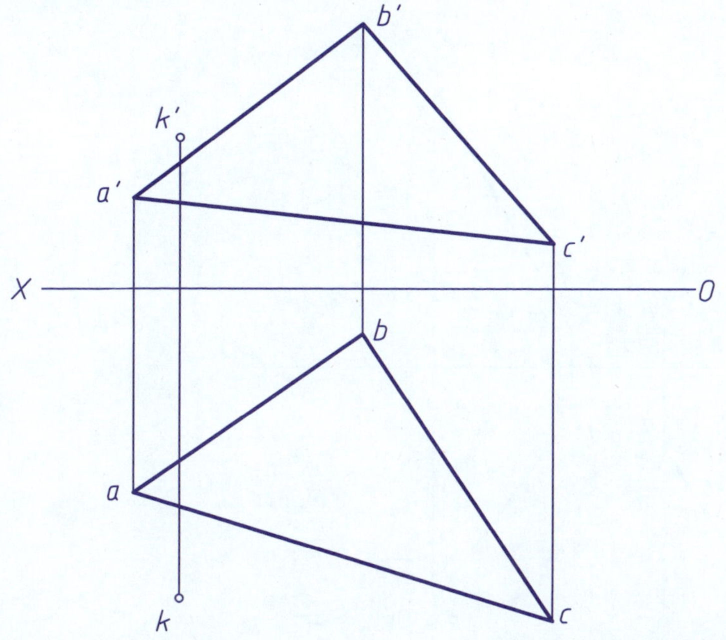

2. 线段 AB 绕 O_1-O_1 轴旋转，使它与直线 CD 位于同一平面内。

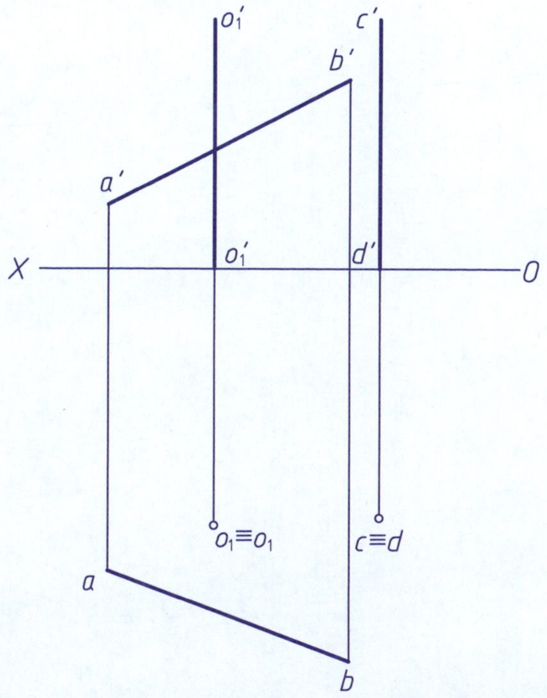

3. (1) 用旋转法求线段 AB 的实长及其与 H 面的倾角大小。
   (2) 若 AC 与 AB 对 H 面的倾角相同，求 $a'c'$。

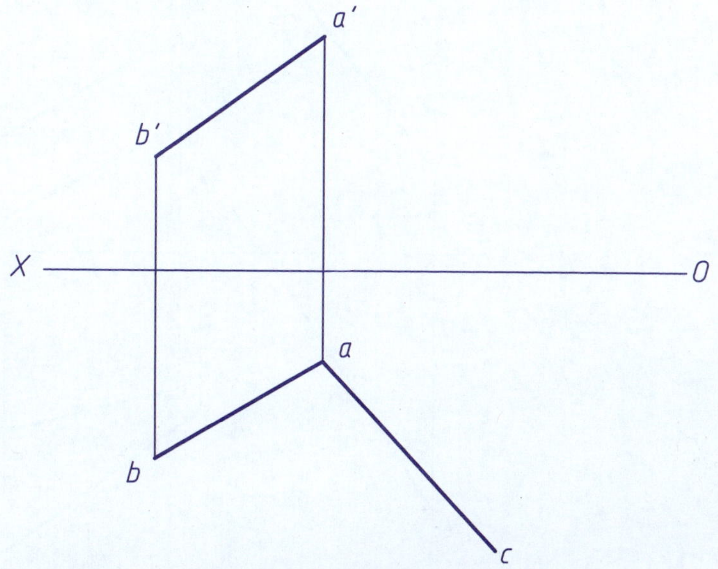

4. 包含直线 AB 作一与 H 面成 $60°$ 倾角的三角形 ABC。

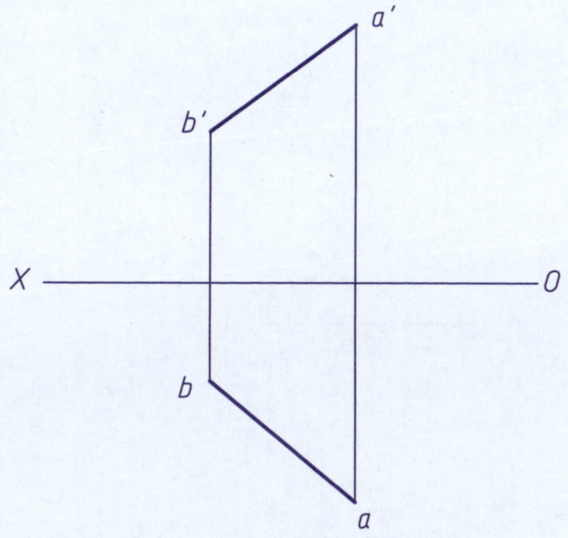

5. 在平面 $ABCD$ 内作一直线 AE，并使 AE 与 H 面的倾角为 $45°$，同时讨论何时有两解、一解或无解。

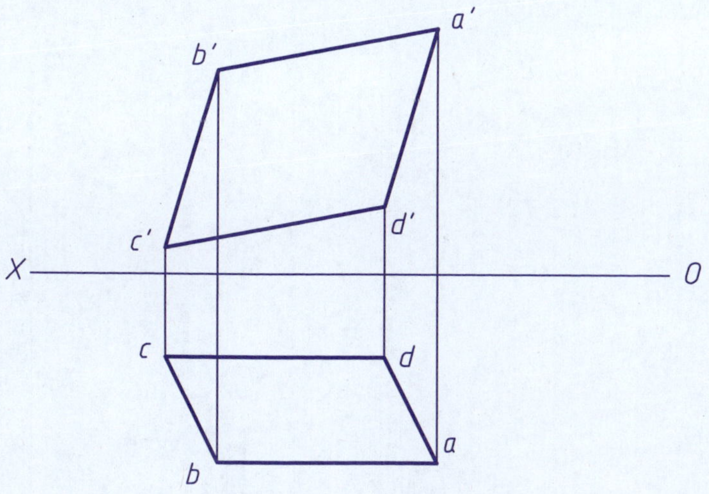

*6. 过已知点 A 作一直线与 V 面成 $30°$ 角，与 H 面成 $45°$ 角，其实长为 l。

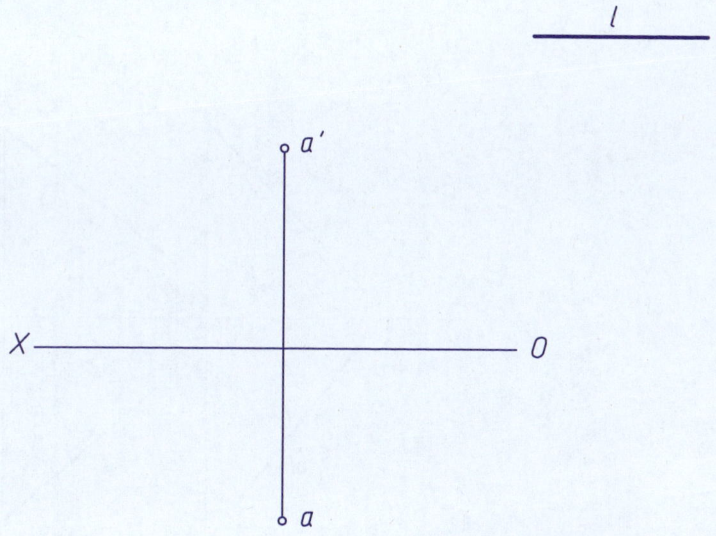

第 2 单元　几何元素的投影

练习 2-4　综合问题解题训练

16

1. 作直线 MN 与两直线 AB、CD 相交，并平行于直线 EF。

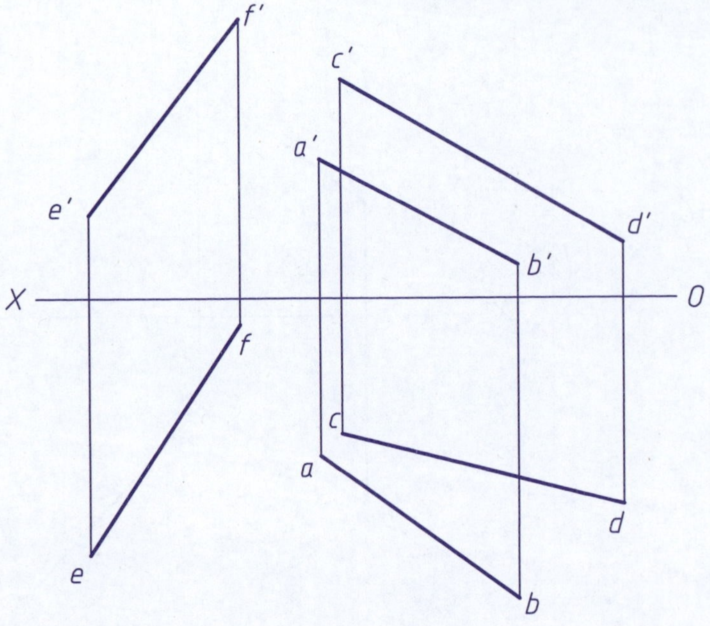

2. 过直线 AB 上一点 A 作一直线垂直于 AB，并与 DE 相交。

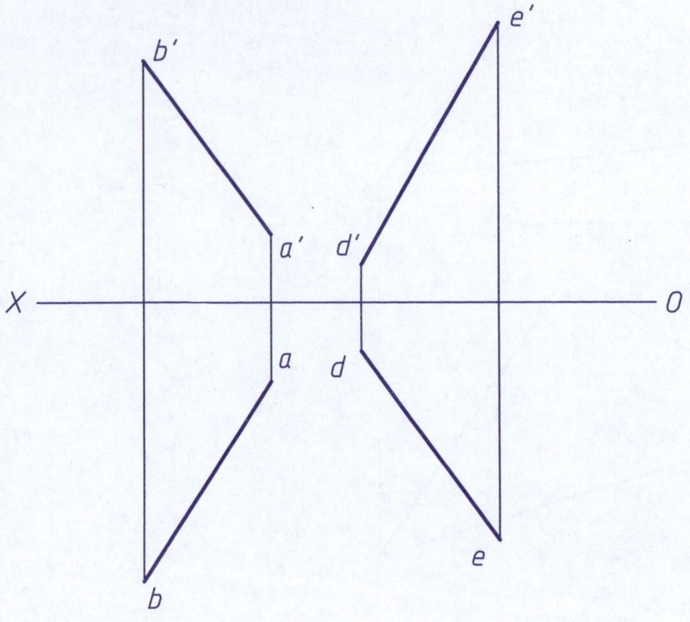

3. 正方形 ABCD 的点 A 在线段 EF 上，点 C 在线段 BG 上，试完成其投影。

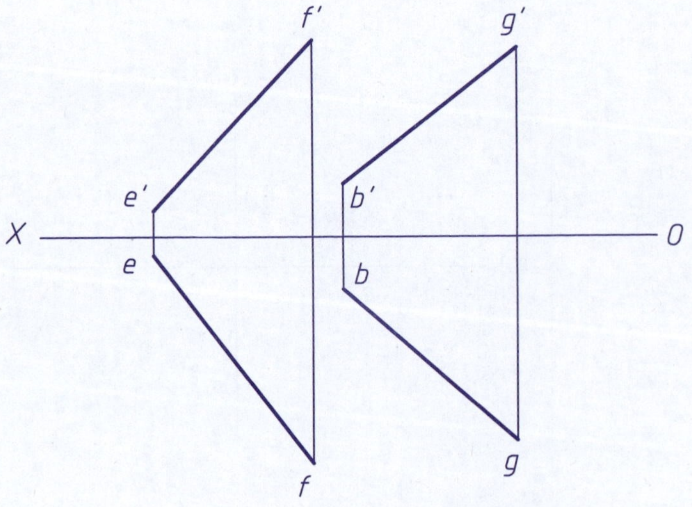

4. 已知单摆 MN，点 N 绕点 M 在垂直于三角形 ABC 的面内摆动，求点 N 与三角形 ABC 的触点 N_1 及摆动的角度 θ。

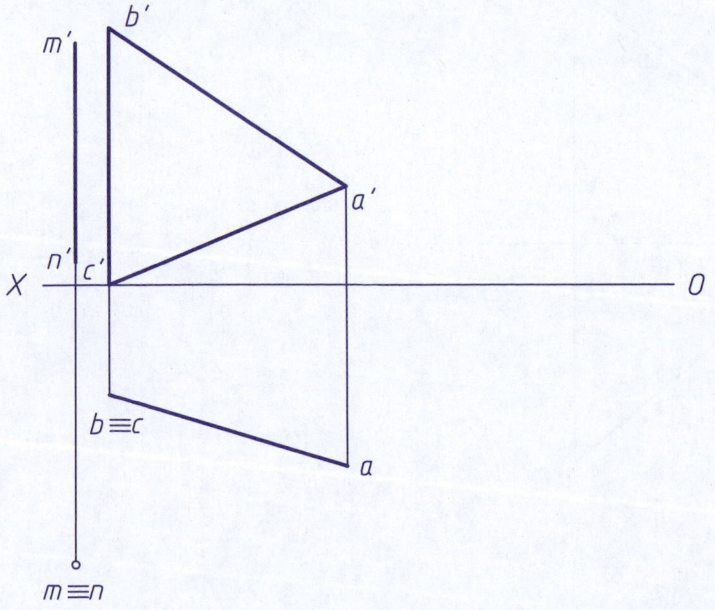

(续) 班级　姓名　审阅　17

5. 试检查空间点 A 绕 M-N 轴（正平线）旋转时会不会与平面 BCDE 相碰撞（作图说明）。

6. 已知 AD 是三角形 ABC 平面内的水平线，AE 是三角形 ABC 平面内的正平线，请完成 ABC 的正面投影。

第3单元 体的构成及投影

练习3-1 基本体的投影

3-1-1 基本平面体

| 班级 | 姓名 | 审阅 | 18 |

1. 求作第三视图,并标出平面 P(所给投影为可见)的其余两个投影。

2. 求作第三视图,并标出平面 P(所给投影为可见)的其余两个投影。

3. 求作第三视图,并标出平面 P(所给投影为可见)的其余两个投影。

4. 求作第三视图,并标出平面 P(所给投影为可见)的其余两个投影。

| 3-1-2 基本回转体 | 班级　　　姓名　　　审阅 | 19 |

1. 求作第三视图，并标出曲面上点 A, B 的其余两个投影。

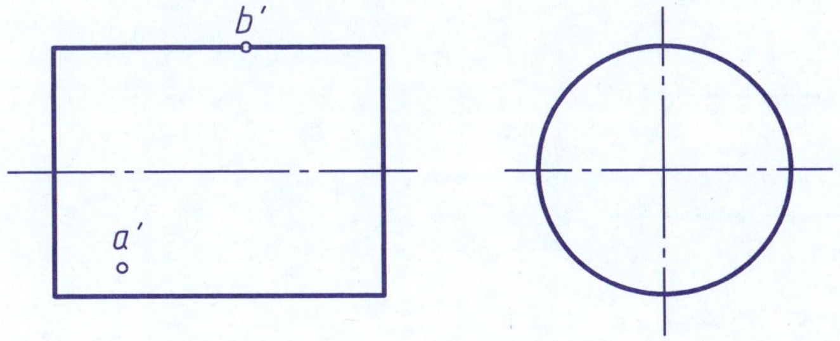

2. 求作第三视图，并标出曲面上点 A, B 的其余两个投影。

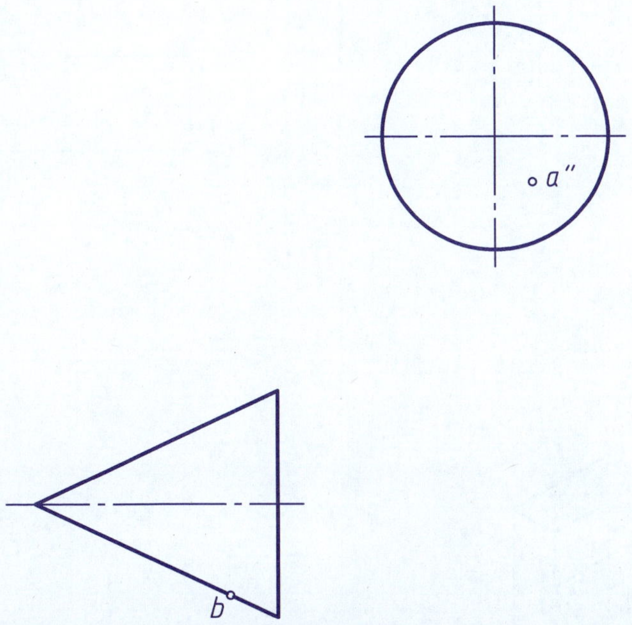

3. 求作球的第三视图，并标出曲面上点 A, B 的其余两个投影。

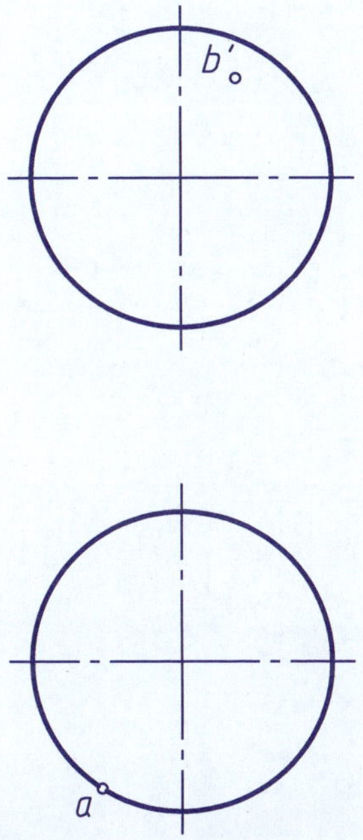

4. 求作第三视图，并标出曲面上点 A, B 的其余两个投影。

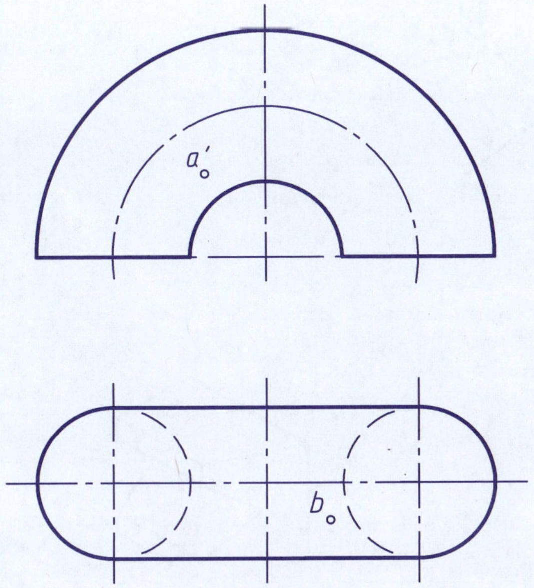

5. 标出曲面上点 A, B 的其余两个投影。

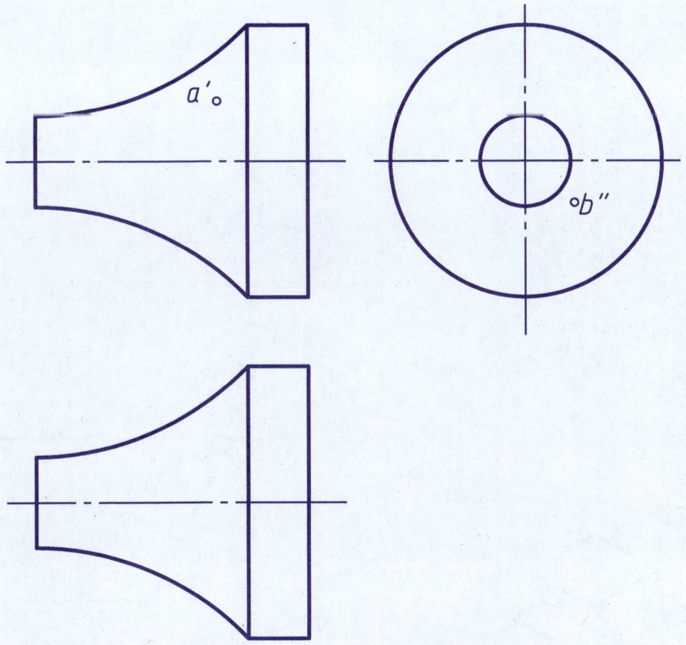

*6. 求作第三视图，并标出曲面上点 A, B 的其余两个投影。

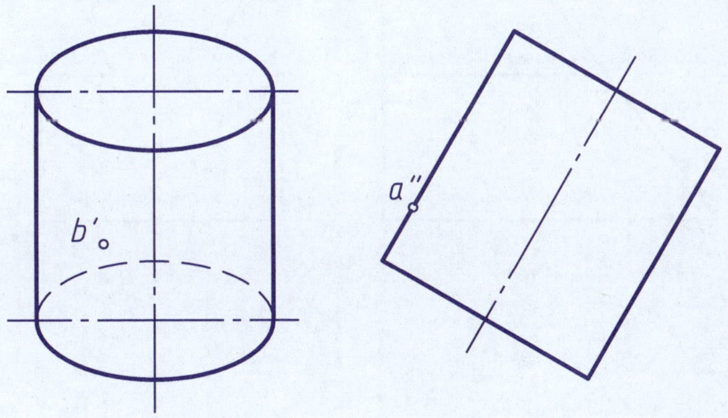

第3单元 体的构成及投影

练习3-2 平面与立体相交

3-2-1 平面与平面体相交

| 班级 | 姓名 | 审阅 | 20 |

1. 画出第三视图,并标出面 P 的其余两个投影。

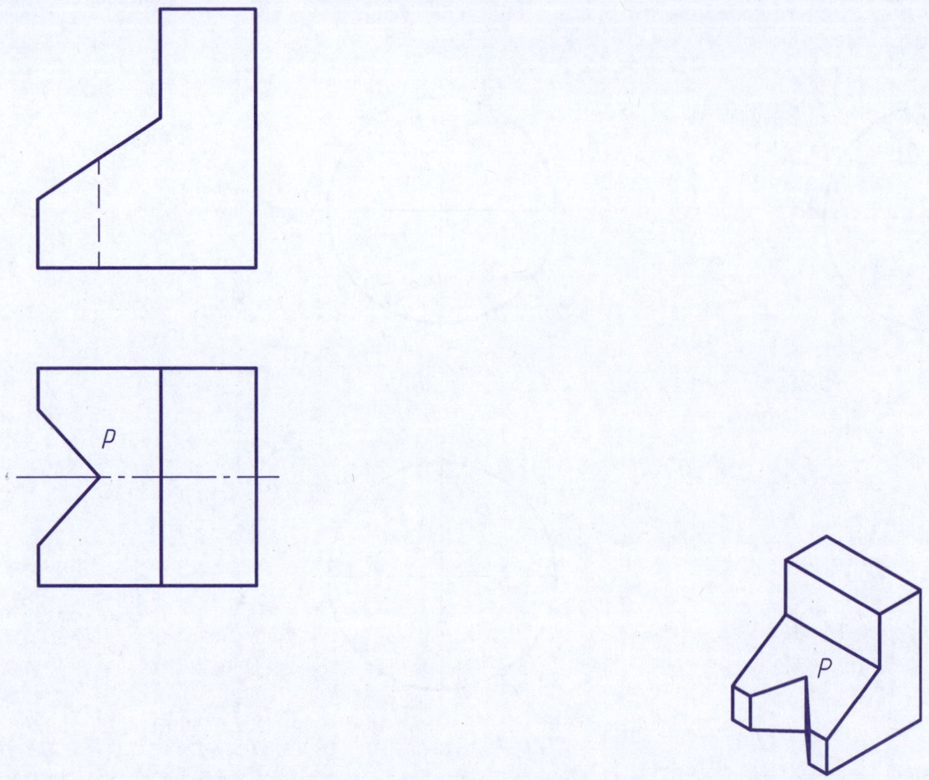

2. 画出第三视图,并标出面 P 的其余两个投影。

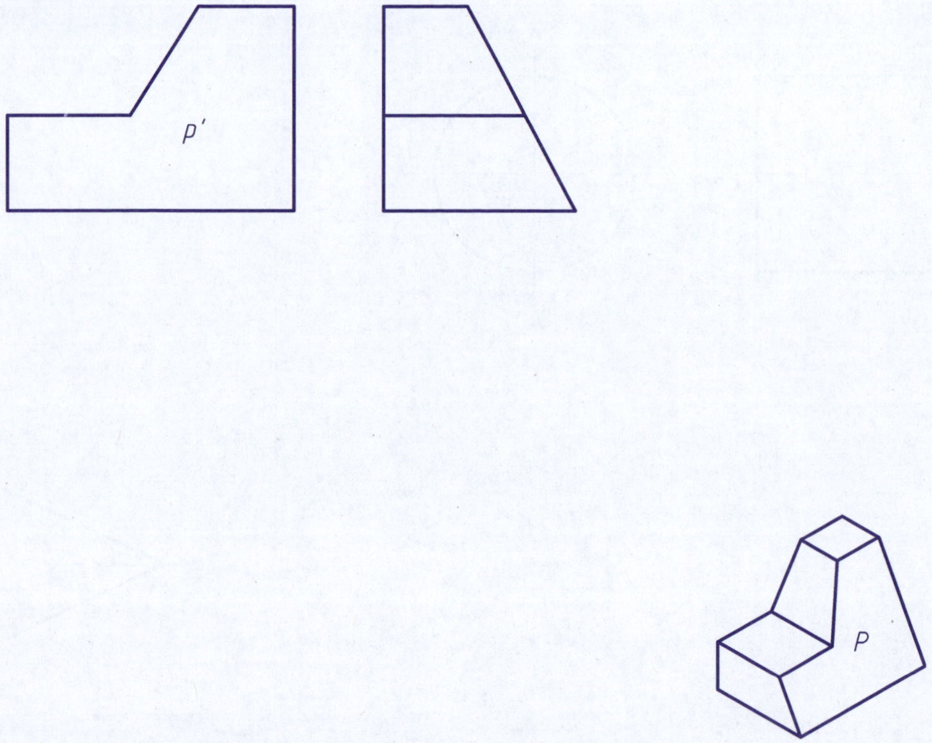

3. 画出第三视图,并标出面 P 的其余两个投影。

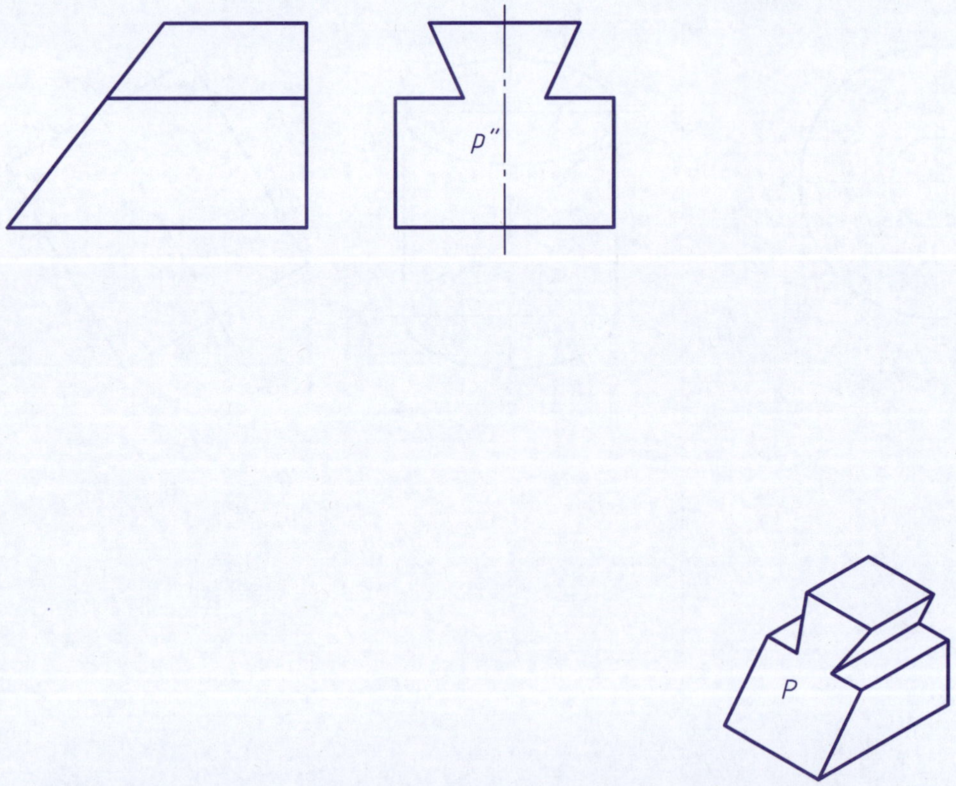

4. 画出第三视图,并标出面 P 的其余两个投影。

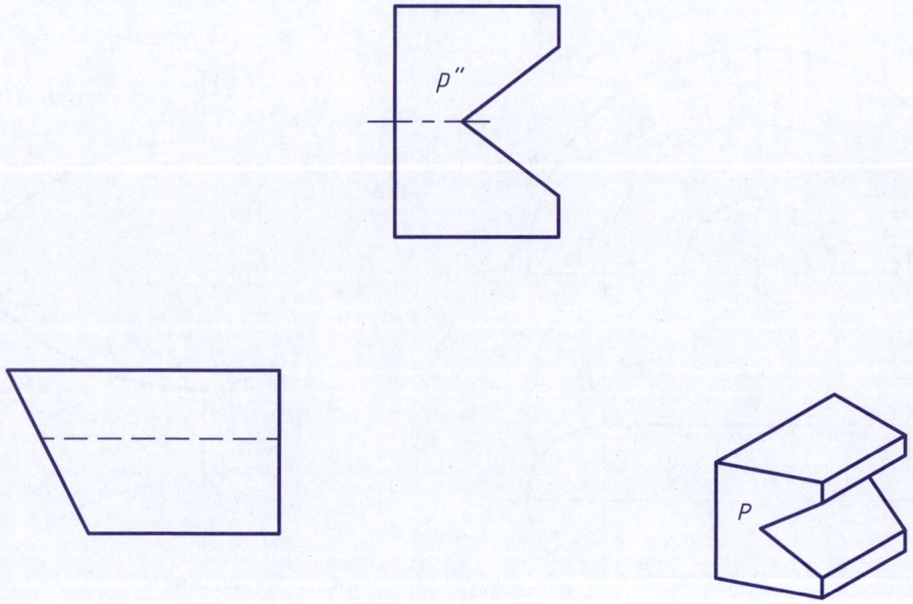

| 3-2-1 平面与平面体相交（续） | 班级　　　　姓名　　　　审阅 | 21 |

5. 画出第三视图，并标出面 P 的其余两个投影。

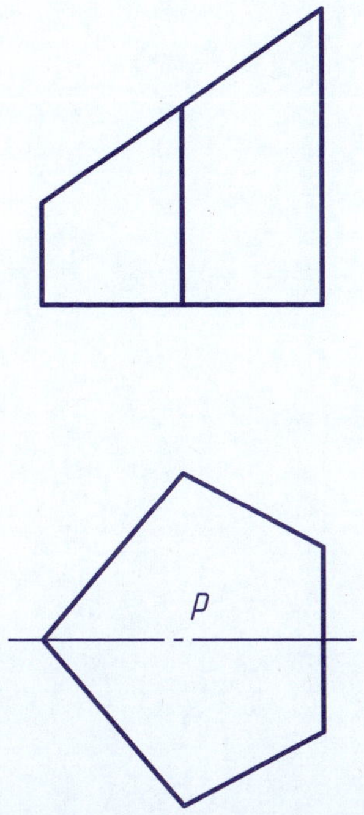

6. 画出第三视图，并标出面 P 的其余两个投影。

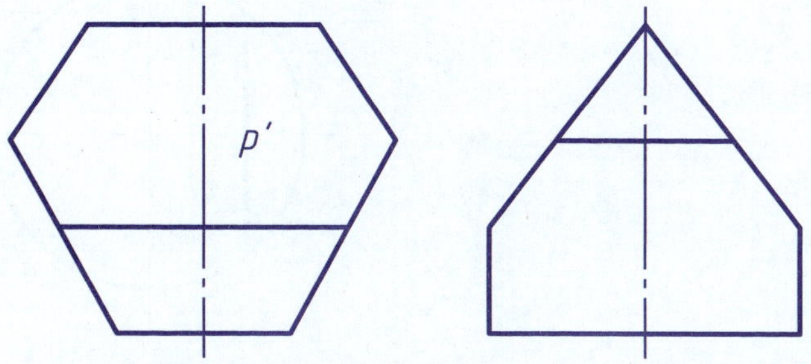

7. 四棱锥被一水平面及正垂面所截，完成俯视图，并作出左视图。

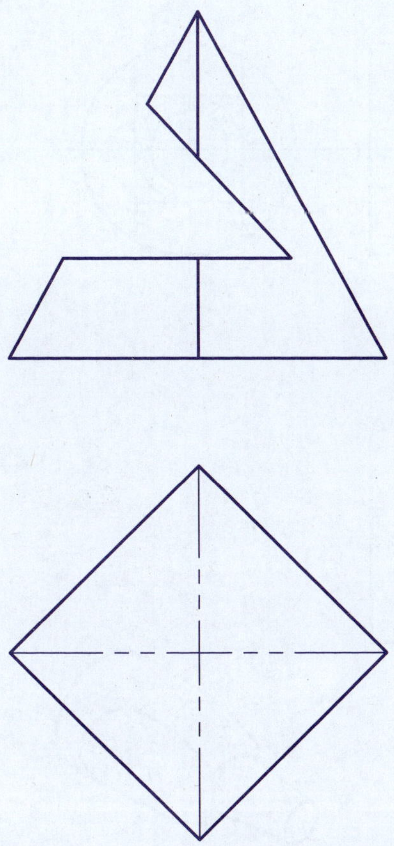

8. 梯形棱柱被正垂面 P 和铅垂面 Q 截切，完成截切后的三视图。

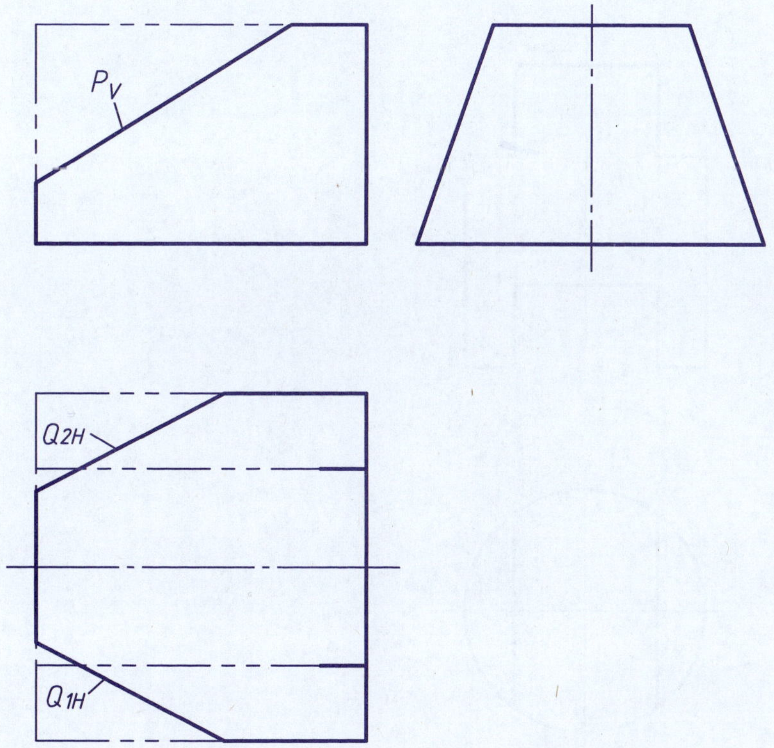

| 3-2-2 平面与回转体相交 | 班级 | 姓名 | 审阅 | 22 |

1. 作主视图。

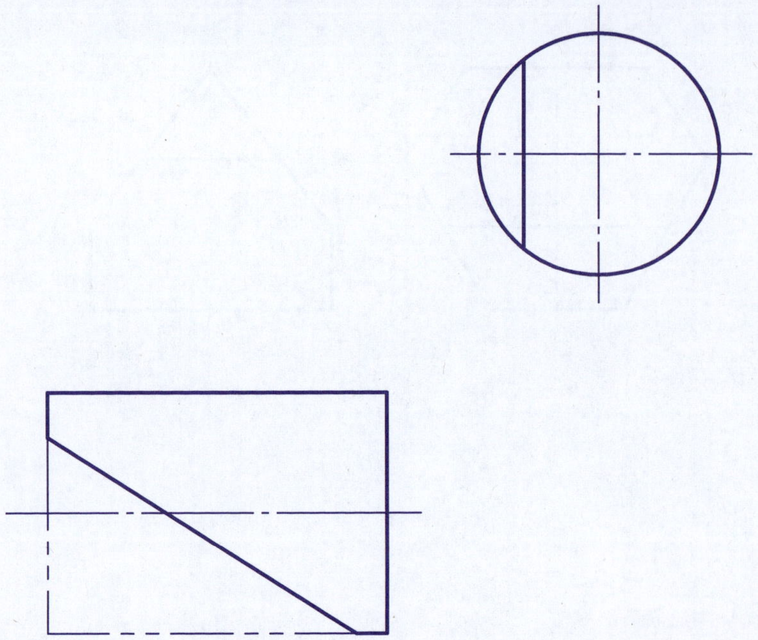

2. 作左视图。

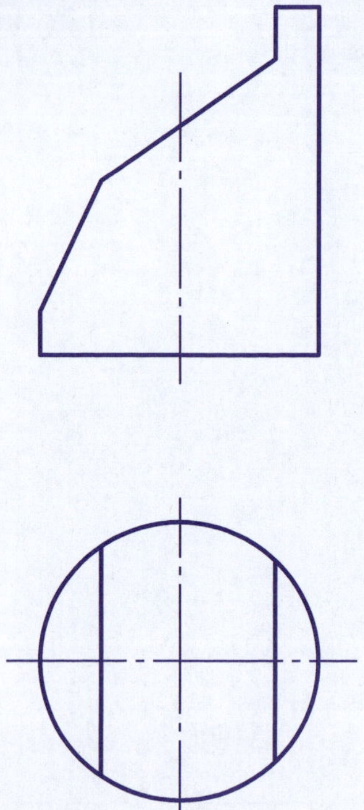

3. 作左视图。

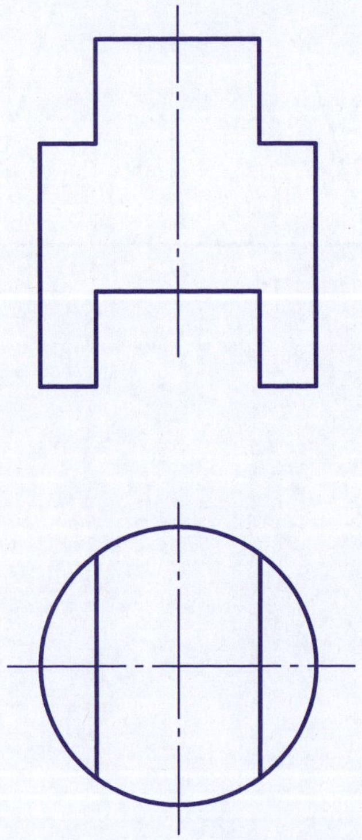

4. 补全主、俯视图中的截交线。

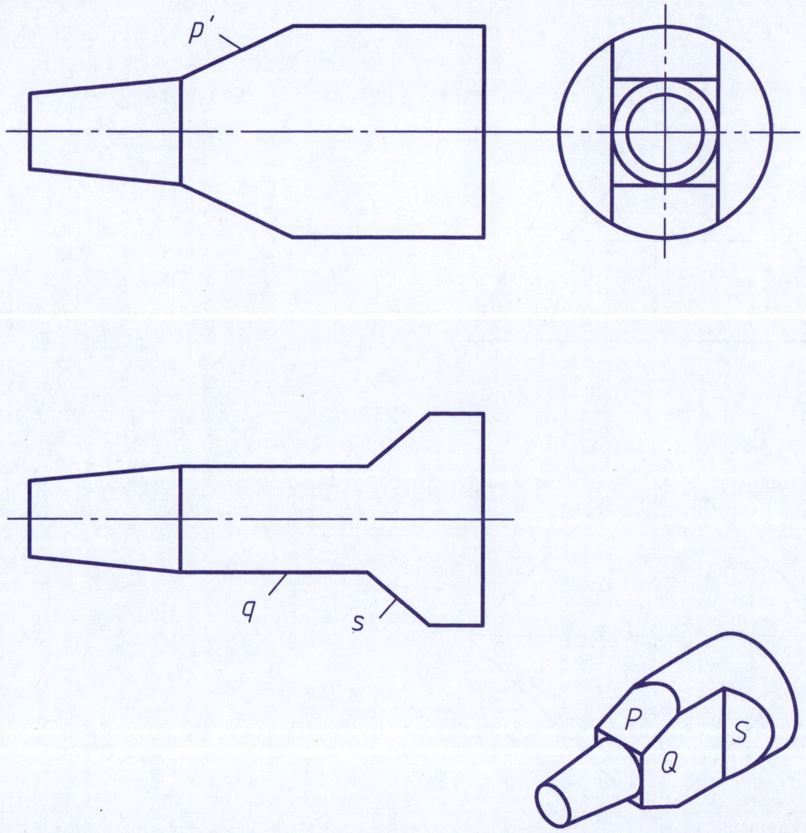

3-2-2 平面与回转体相交(续)

5. 完成俯视图,并作左视图。

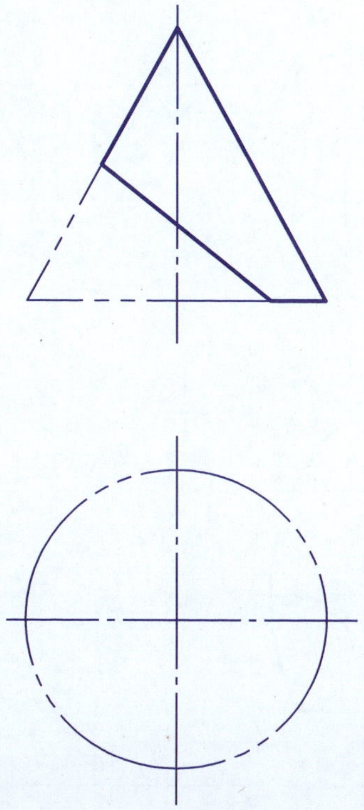

6. 完成俯视图,并作左视图。

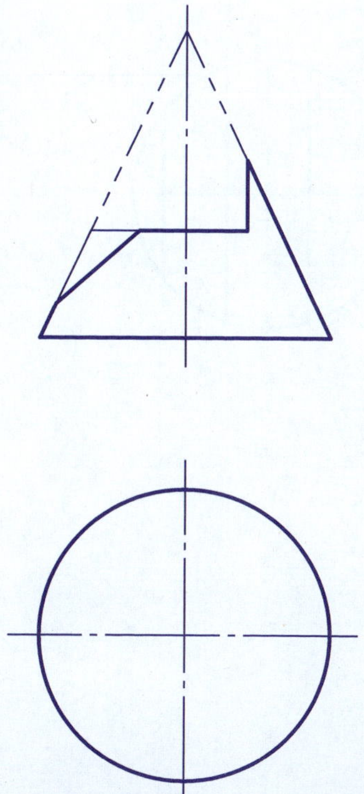

7. 完成俯视图。

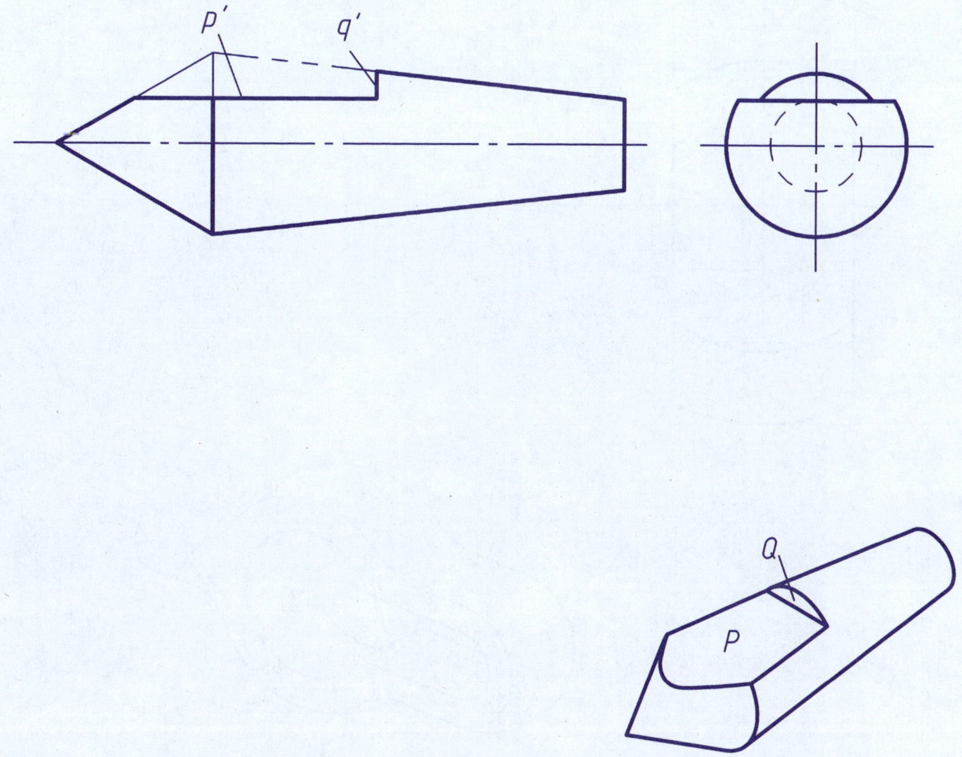

8. 完成俯视图,并作左视图。

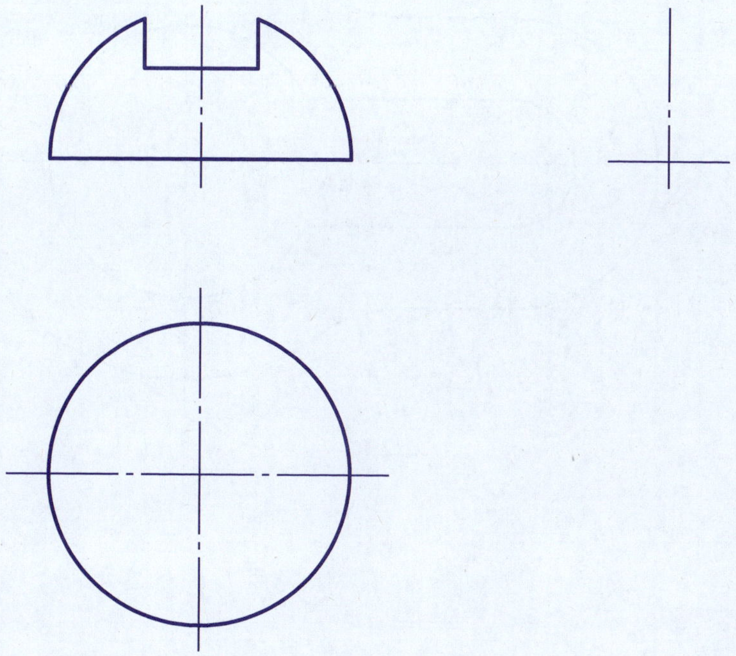

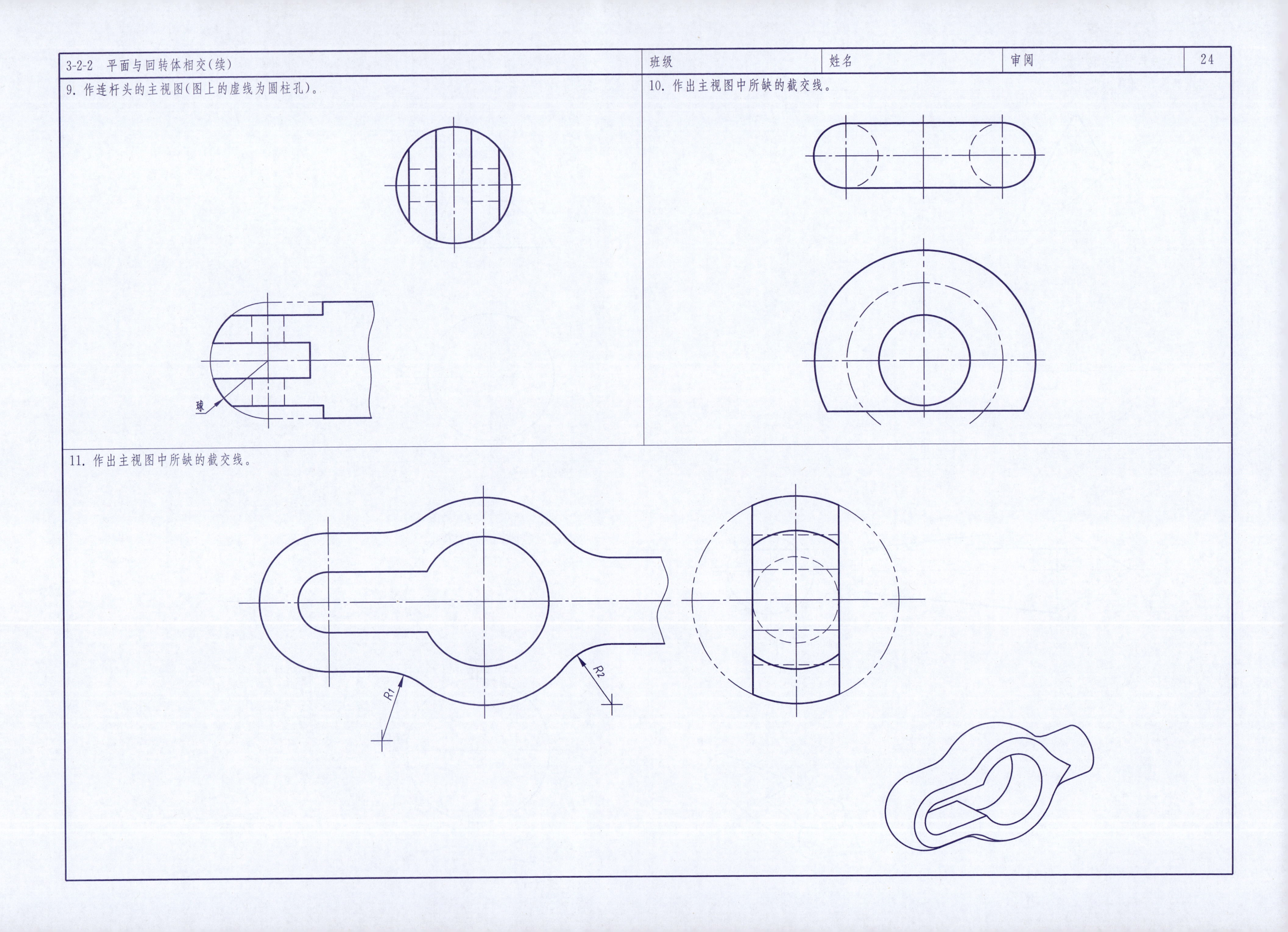

| 3-2-2 平面与回转体相交(续) | 班级　　　姓名　　　审阅 | 24 |

9. 作连杆头的主视图(图上的虚线为圆柱孔)。

10. 作出主视图中所缺的截交线。

11. 作出主视图中所缺的截交线。

第3单元 体的构成及投影　　练习3-3 立体与立体相交

| 3-3-1 平面体与平面体及回转体相交 | 班级 | 姓名 | 审阅 | 25 |

1. 作左视图。

2. 作主视图。

3. 作左视图。

4. 作俯视图。

| 3-3-1 平面体与平面体及回转体相交(续) | 班级 | 姓名 | 审阅 | 26 |

5. 作左视图。

6. 作主视图。

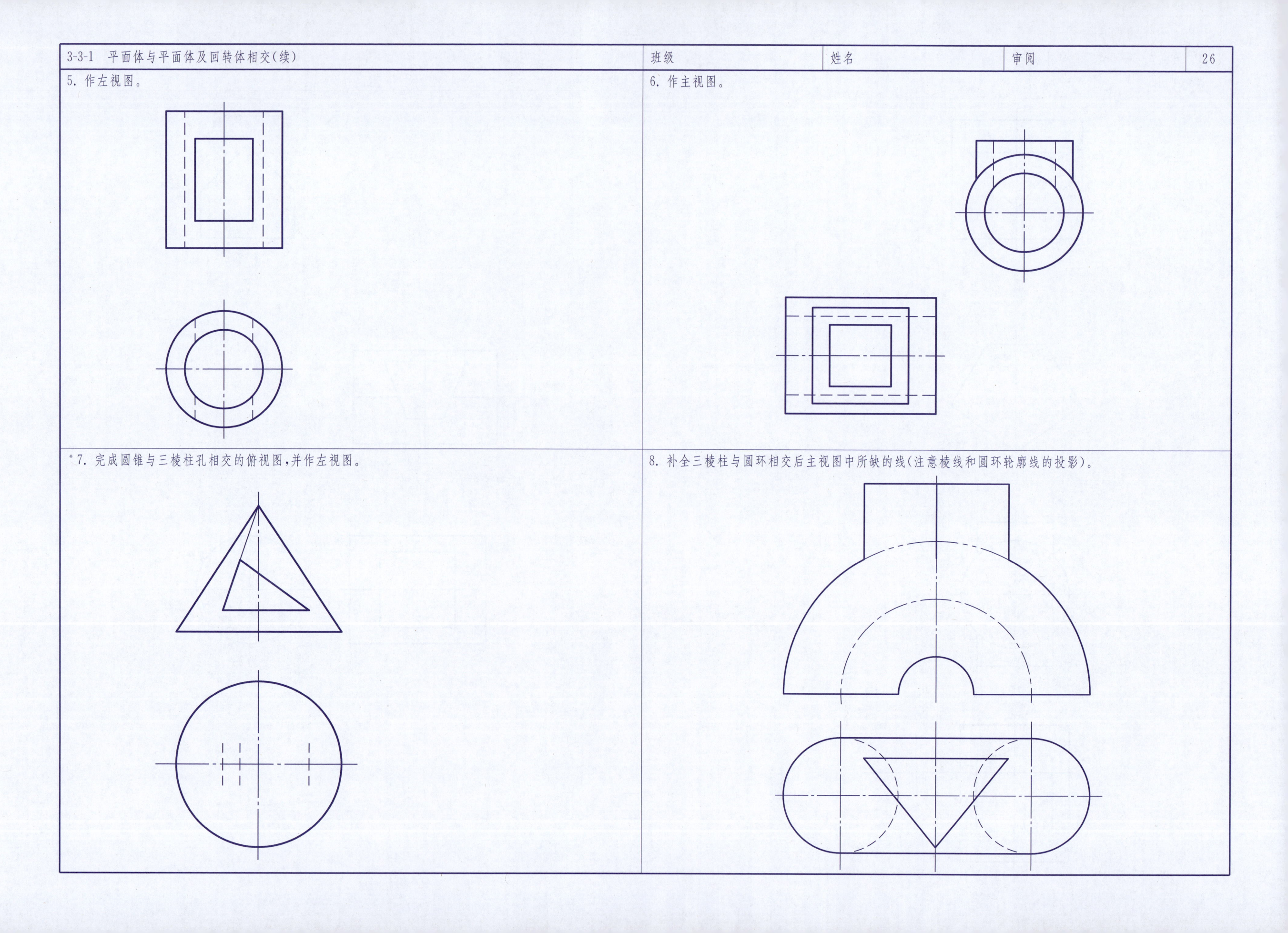

*7. 完成圆锥与三棱柱孔相交的俯视图,并作左视图。

8. 补全三棱柱与圆环相交后主视图中所缺的线(注意棱线和圆环轮廓线的投影)。

| 3-3-2　两回转体相交 | 班级　　　　　姓名　　　　　审阅 | 27 |

1. 作第三视图,并标出交线上特殊点的三投影。

2. 作第三视图,并标出交线上特殊点的三投影。

3. 作第三视图,并标出交线上特殊点的三投影。

*4. 作第三视图,并标出交线上特殊点的三投影。

| 3-3-2　两回转体相交(续) | 班级 | 姓名 | 审阅 | 28 |

5. 作第三视图,并标出交线上特殊点的三投影。

7. 作两圆柱偏交后的主视图,并标出交线上特殊点的三投影。

6. 作第三视图,并标出交线上特殊点的三投影。

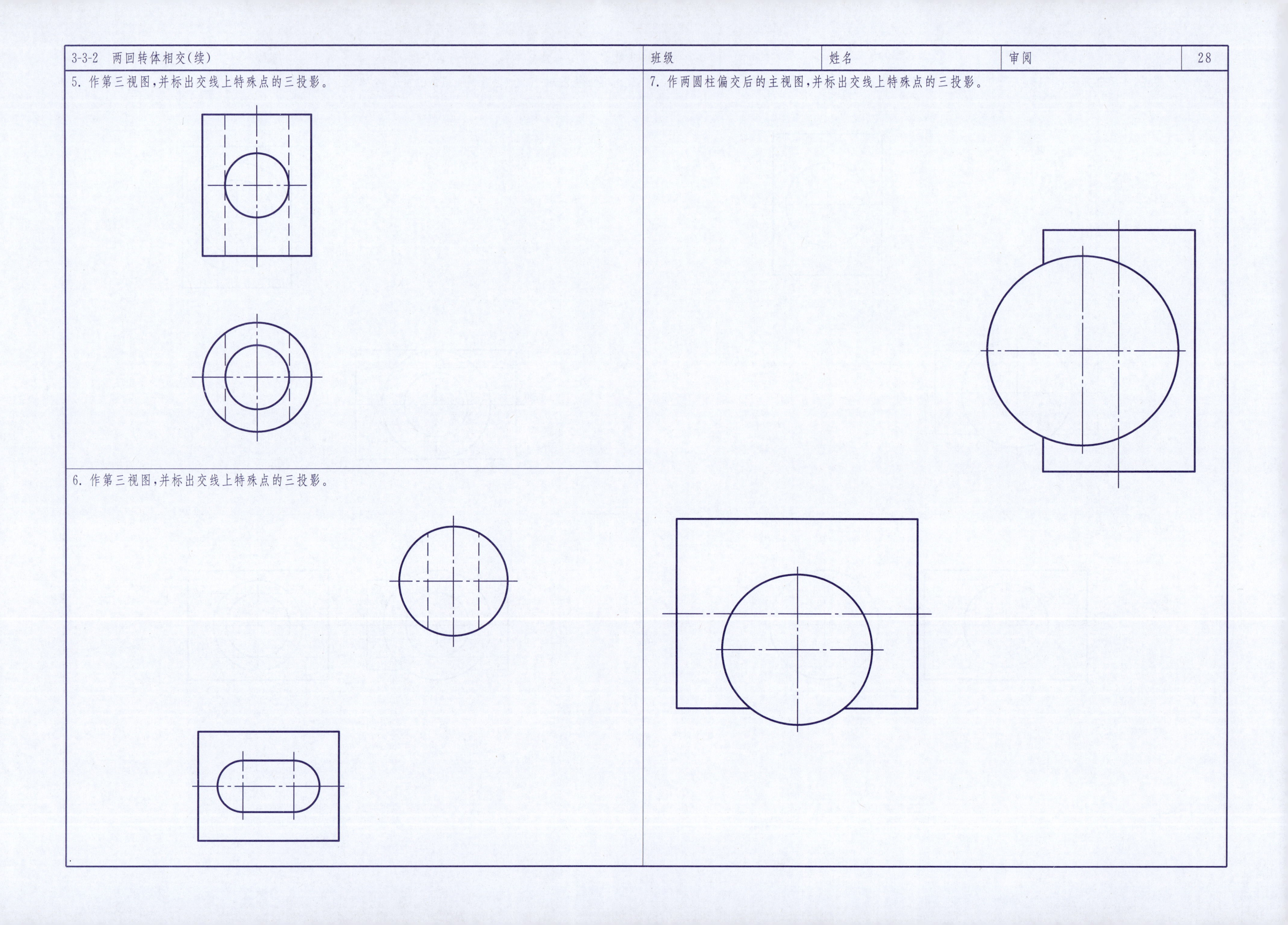

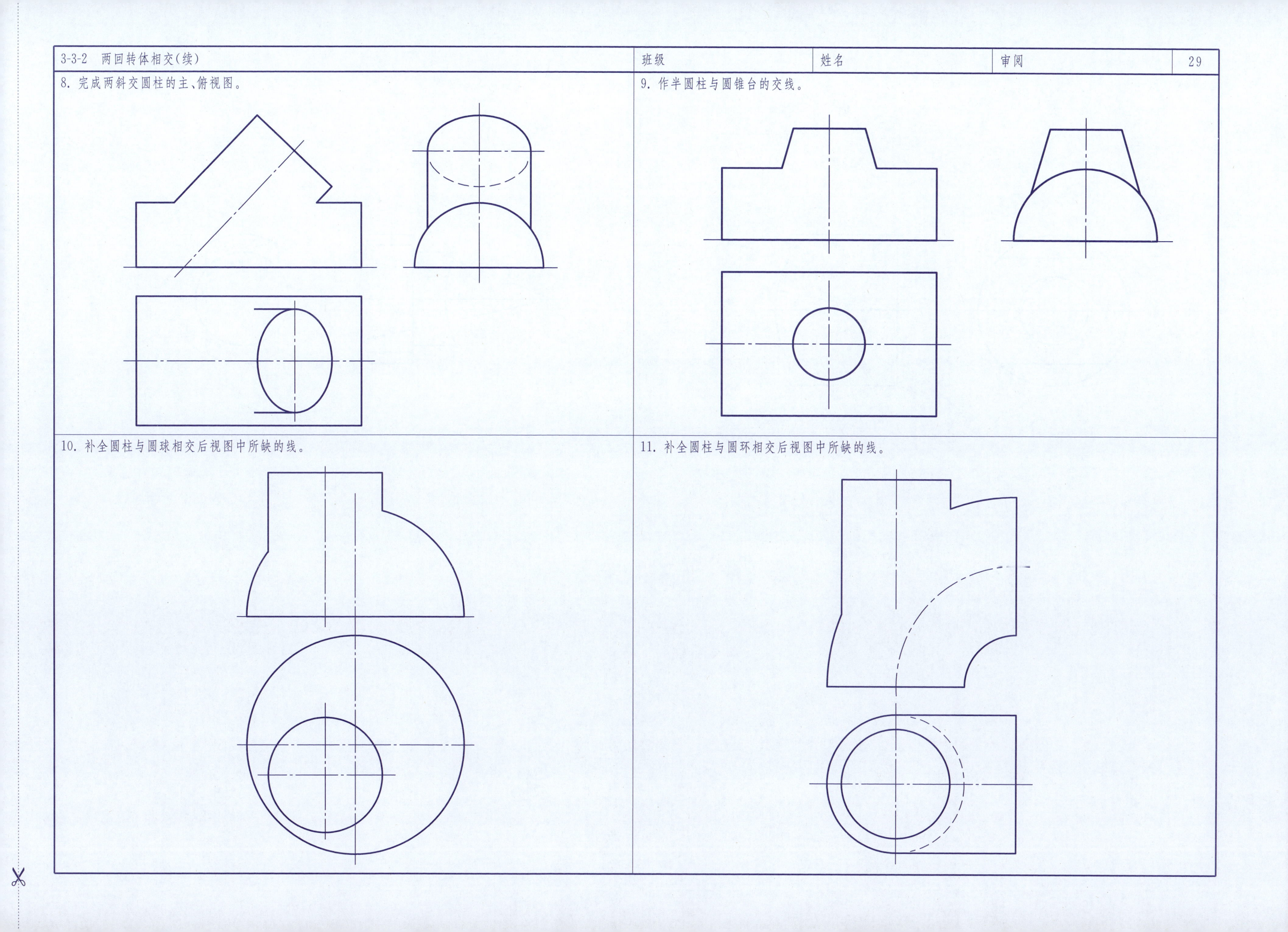

3-3-2 两回转体相交（续)

8. 完成两斜交圆柱的主、俯视图。

9. 作半圆柱与圆锥台的交线。

10. 补全圆柱与圆球相交后视图中所缺的线。

11. 补全圆柱与圆环相交后视图中所缺的线。

| 3-3-3 多形体相交 | 班级 | 姓名 | 审阅 | 30 |

1. 作俯视图。

2. 作俯视图。

| 3-3-3 多形体相交（续） | 班级　　　姓名　　　审阅 | 31 |

3. 补全主、俯视图中所缺的线。

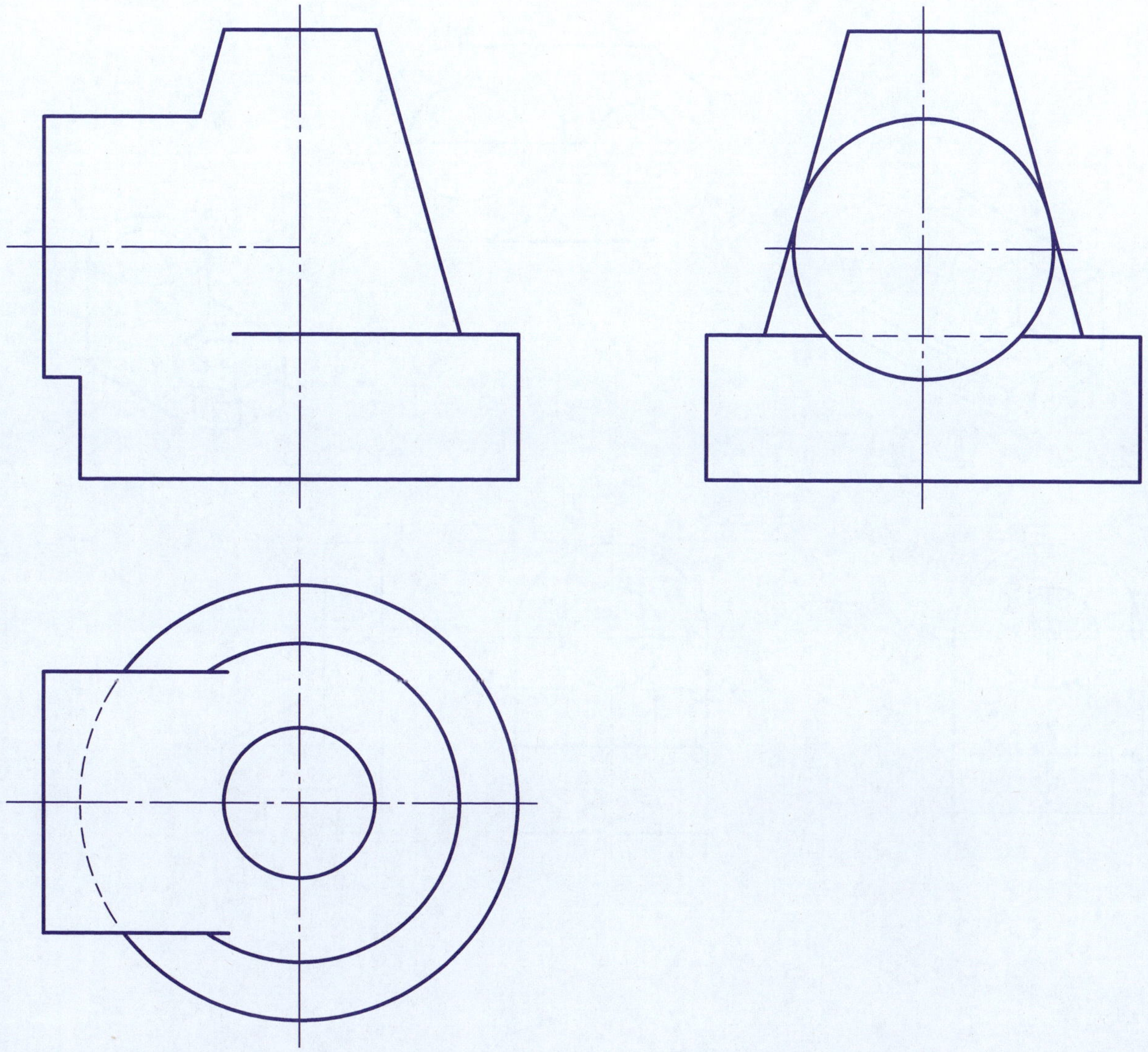

4. 完成主、左视图。

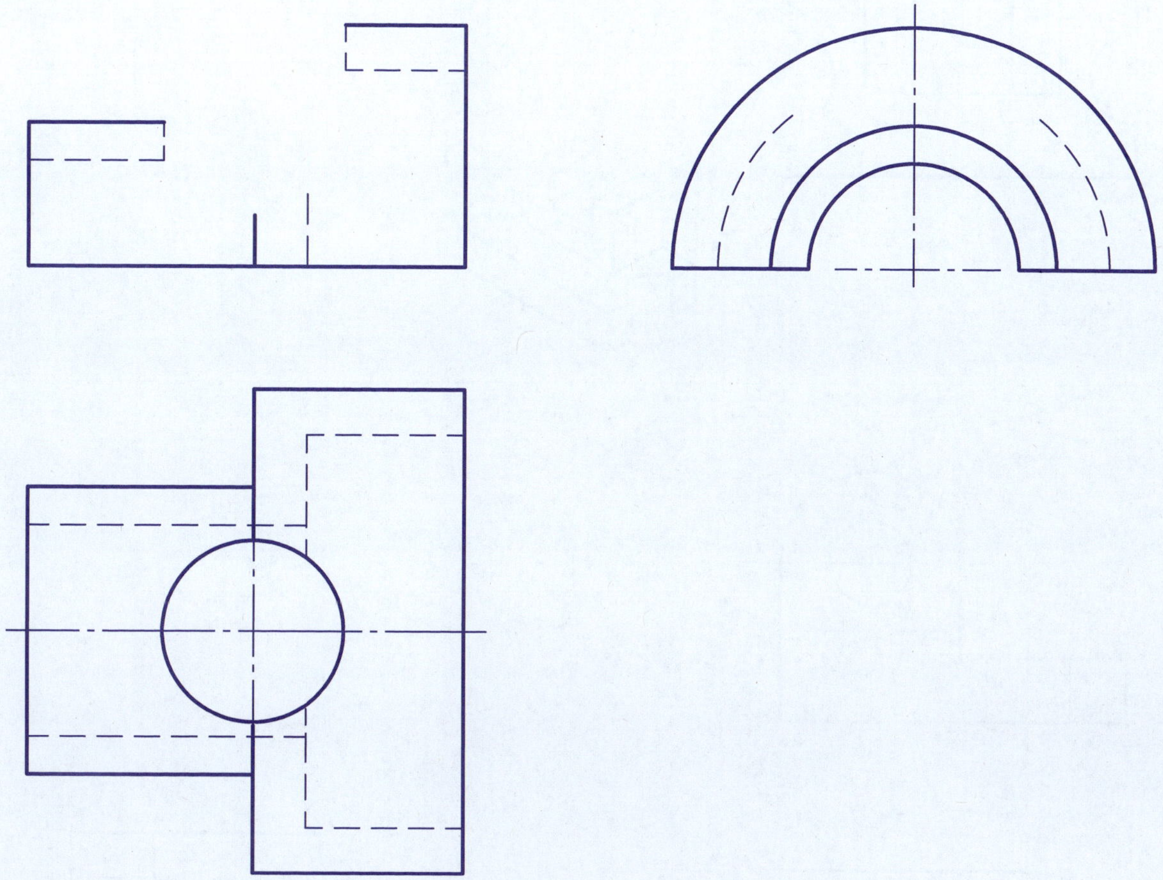

第3单元 体的构成及投影

练习 3-4 组合体的三视图

| 3-4-1 根据组合体的两个视图和直观图画出第三视图 | 班级 | 姓名 | 审阅 | 32 |

1.

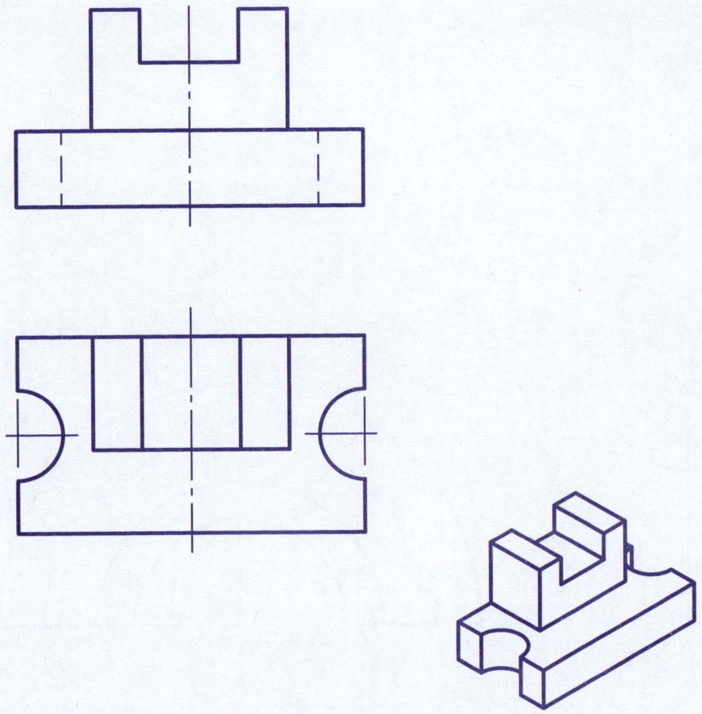

2.

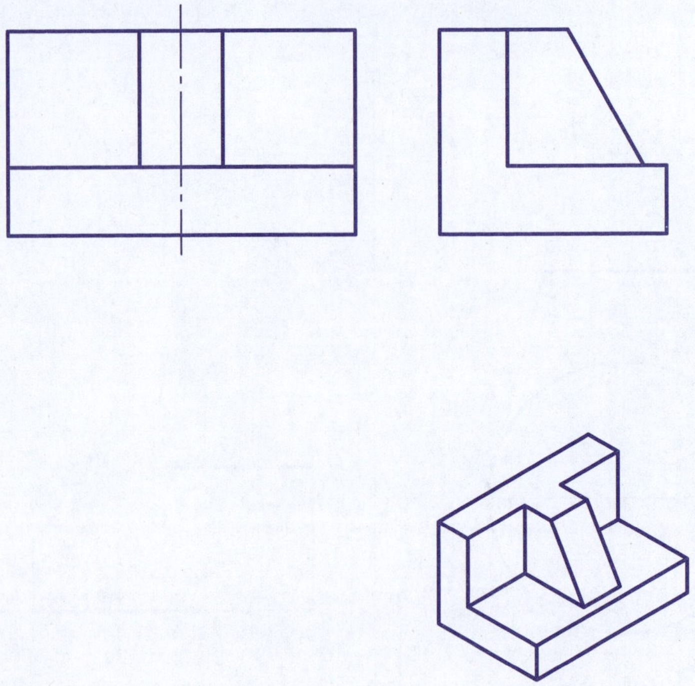

3.

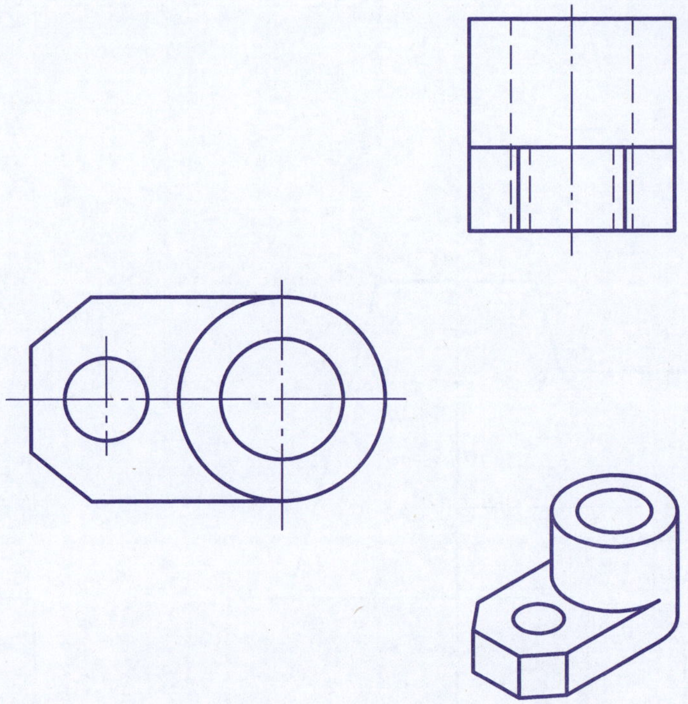

4.

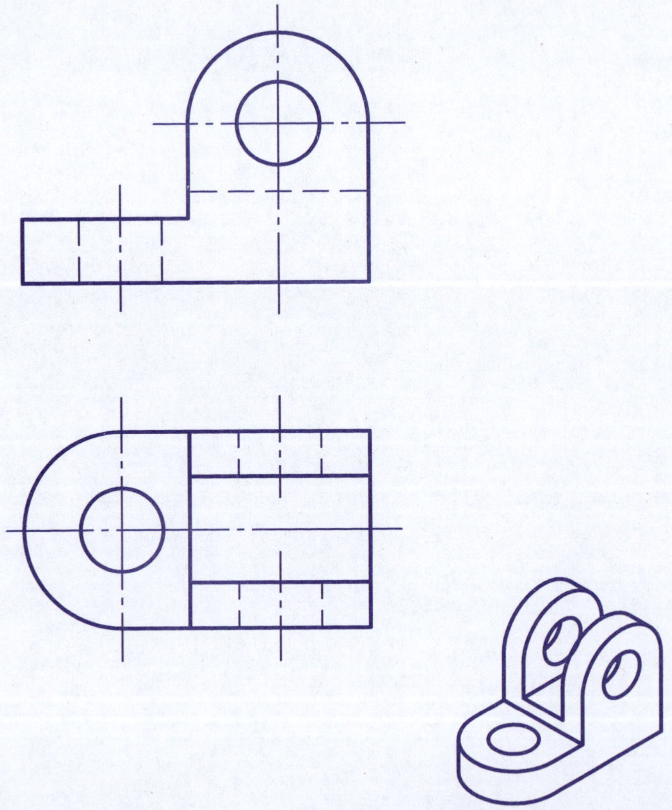

5.

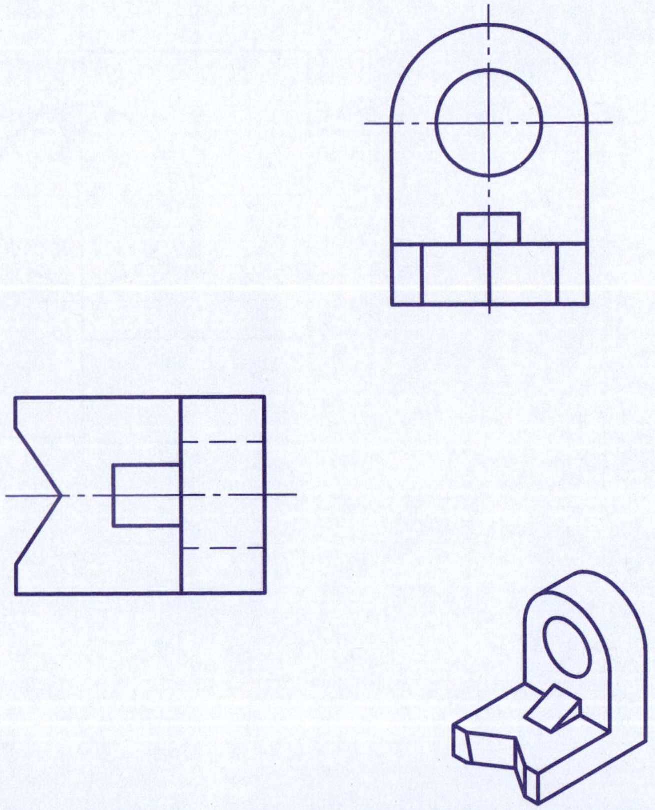

6.

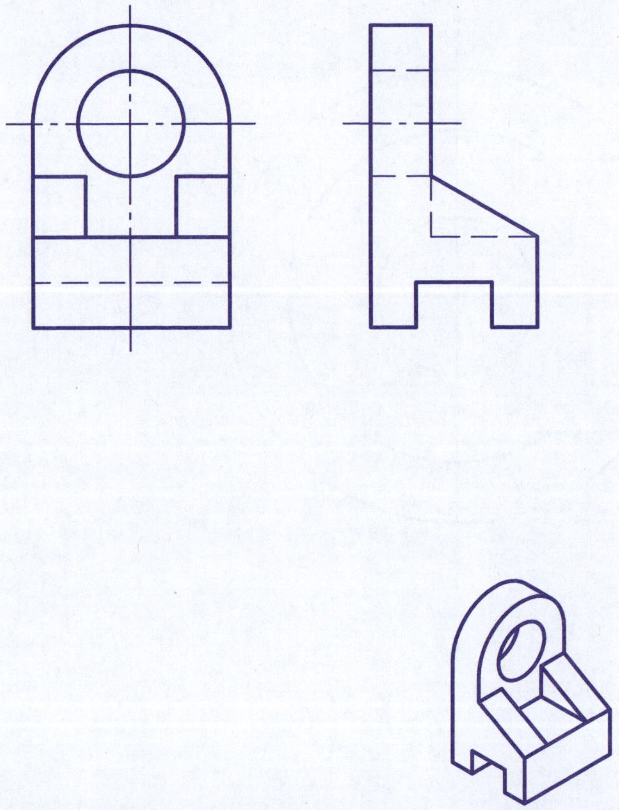

| 3-4-2 根据组合体的两个视图画出第三视图 | 班级 　　　 姓名 　　　 审阅 | 33 |

1.

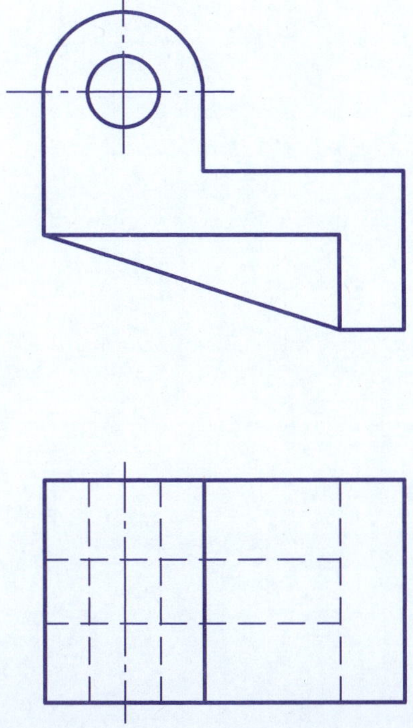

2.

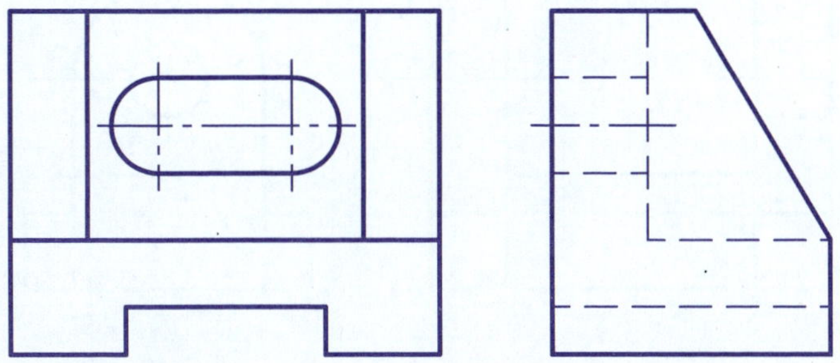

3.

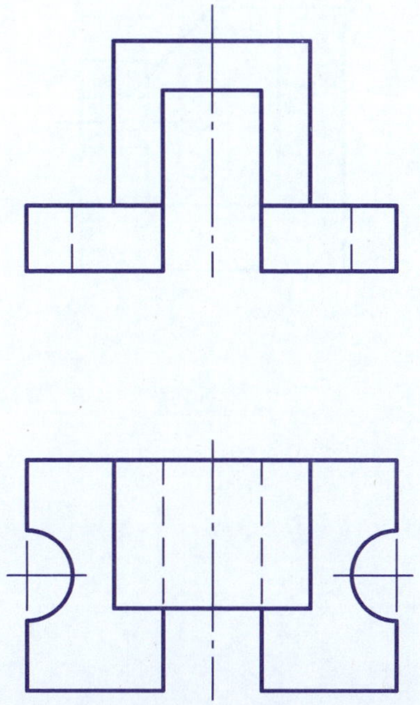

4.

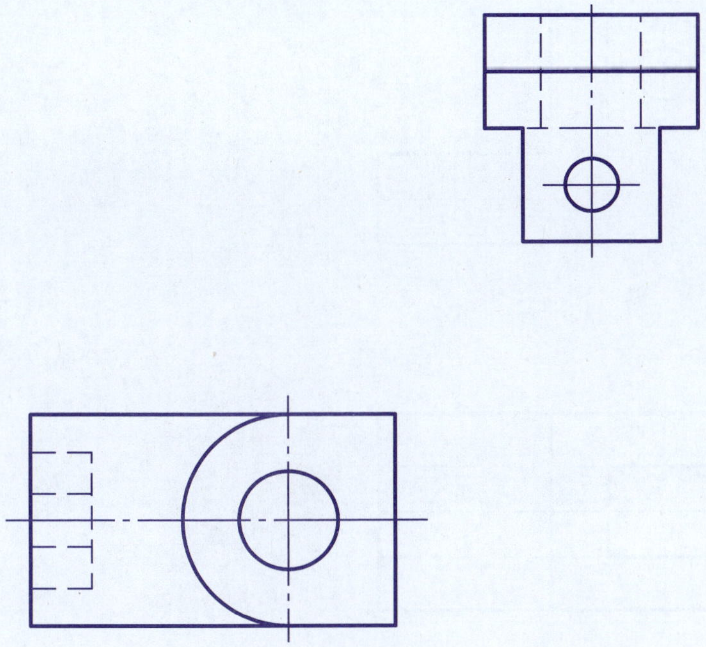

5.

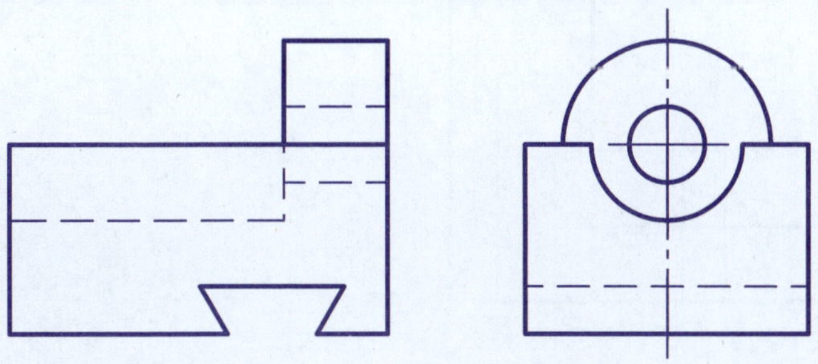

6.

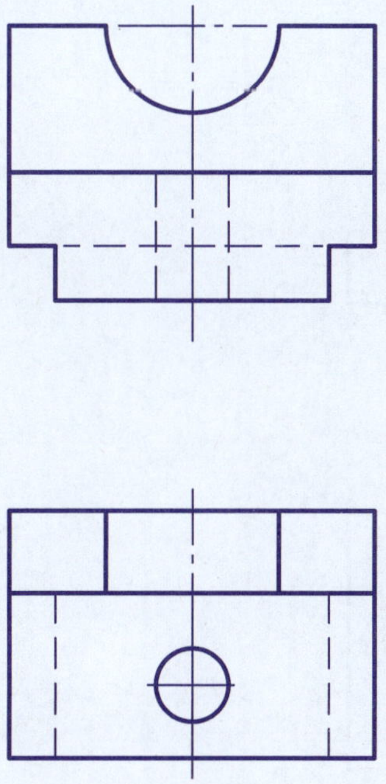

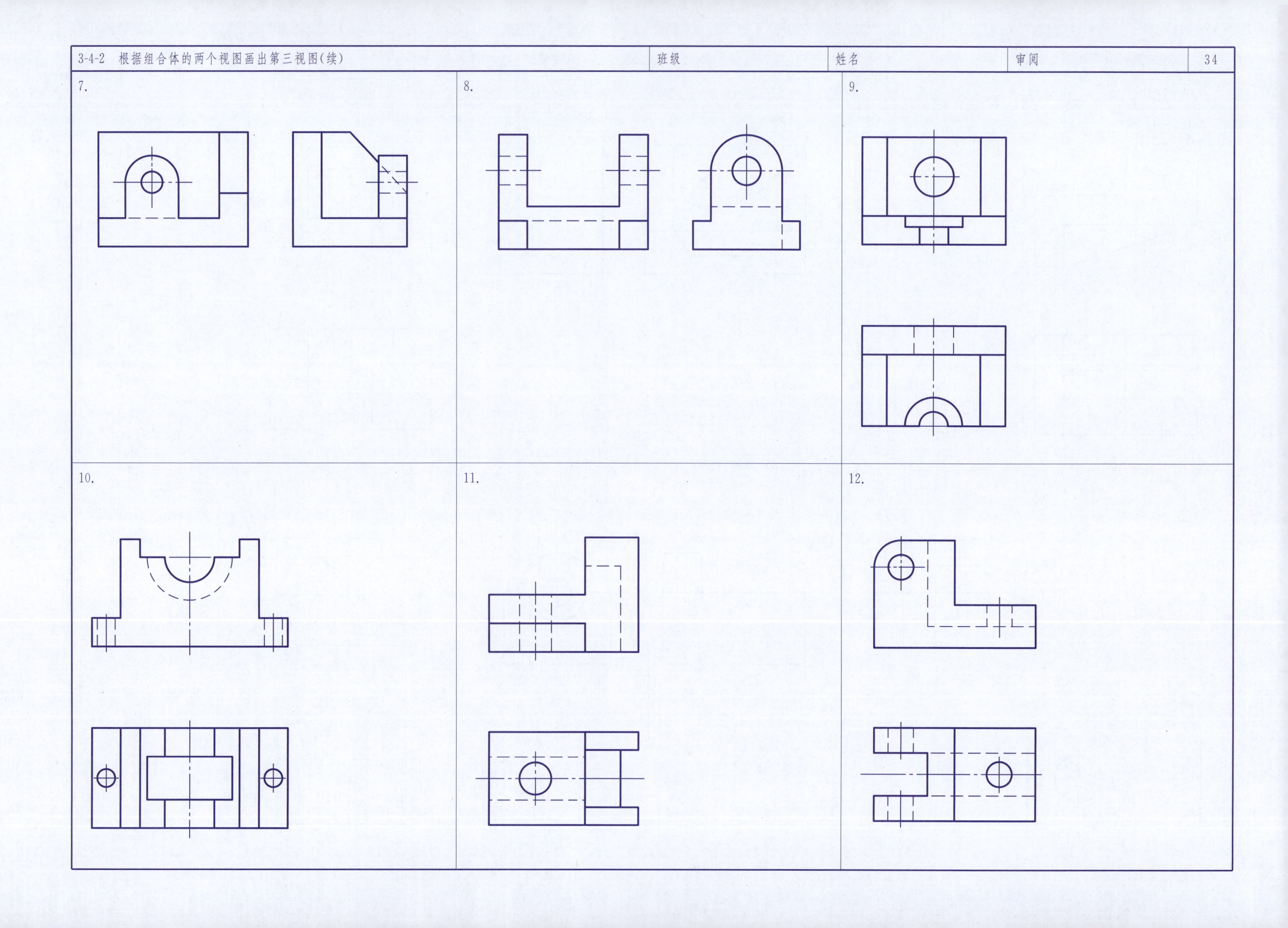

| 3-4-2 | 根据组合体的两个视图画出第三视图(续) | 班级 | 姓名 | 审阅 | 34 |

7.

8.

9.

10.

11.

12.

3-4-2 根据组合体的两个视图画出第三视图(续)

13.

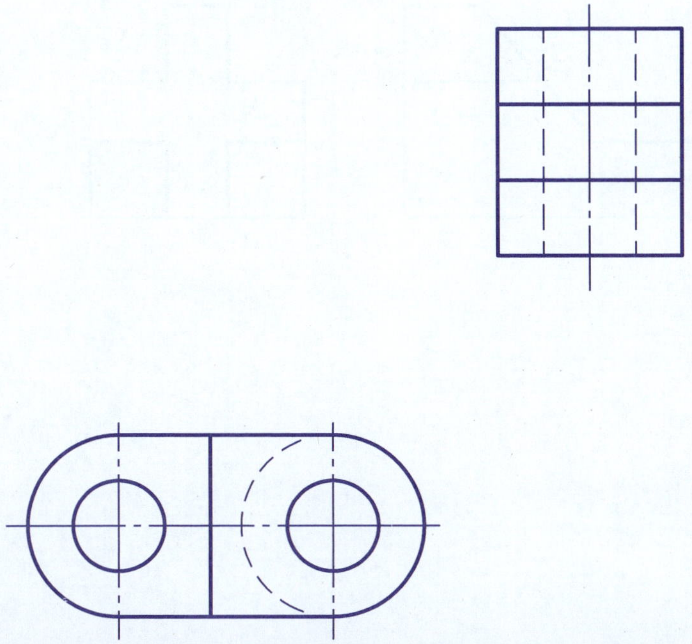

14.

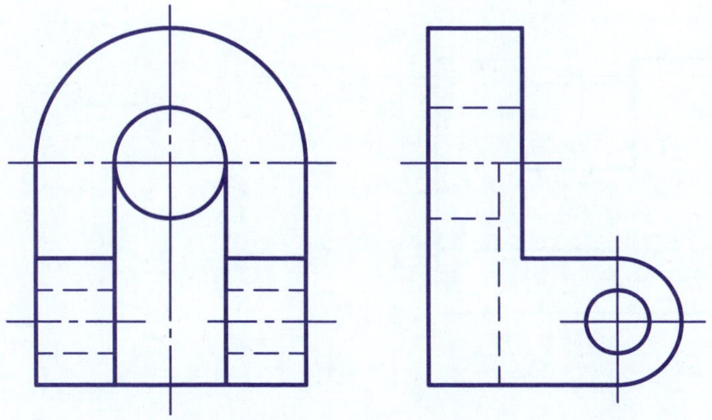

15.

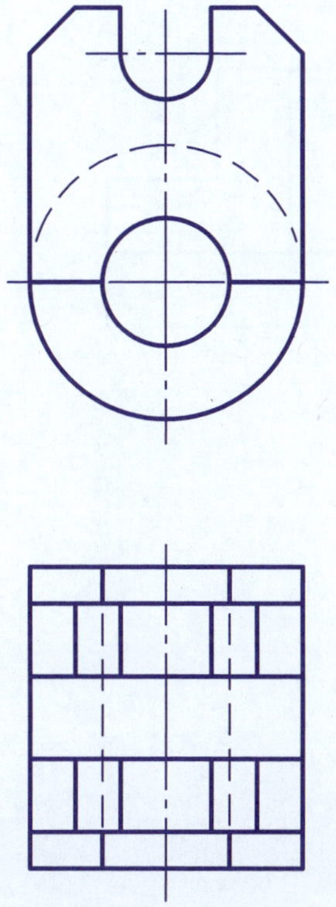

16.

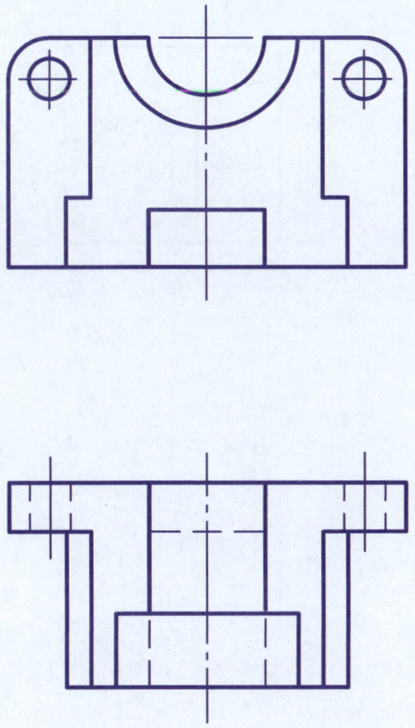

17.

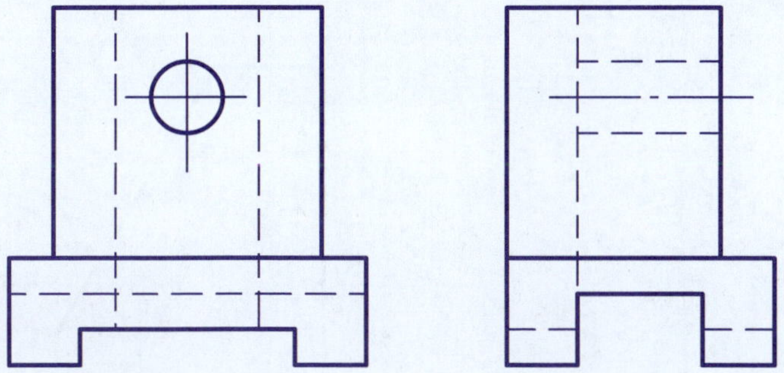

18.

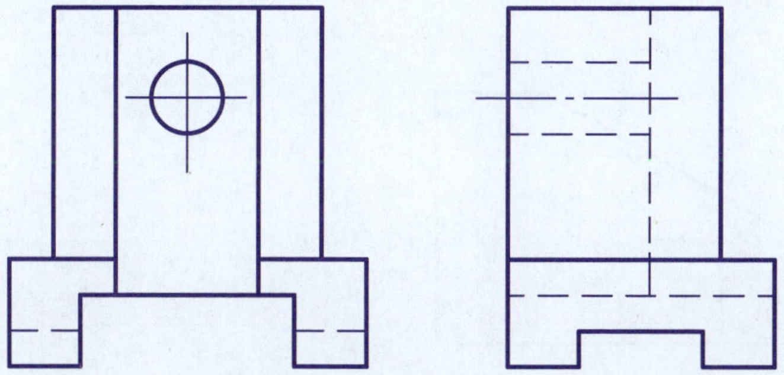

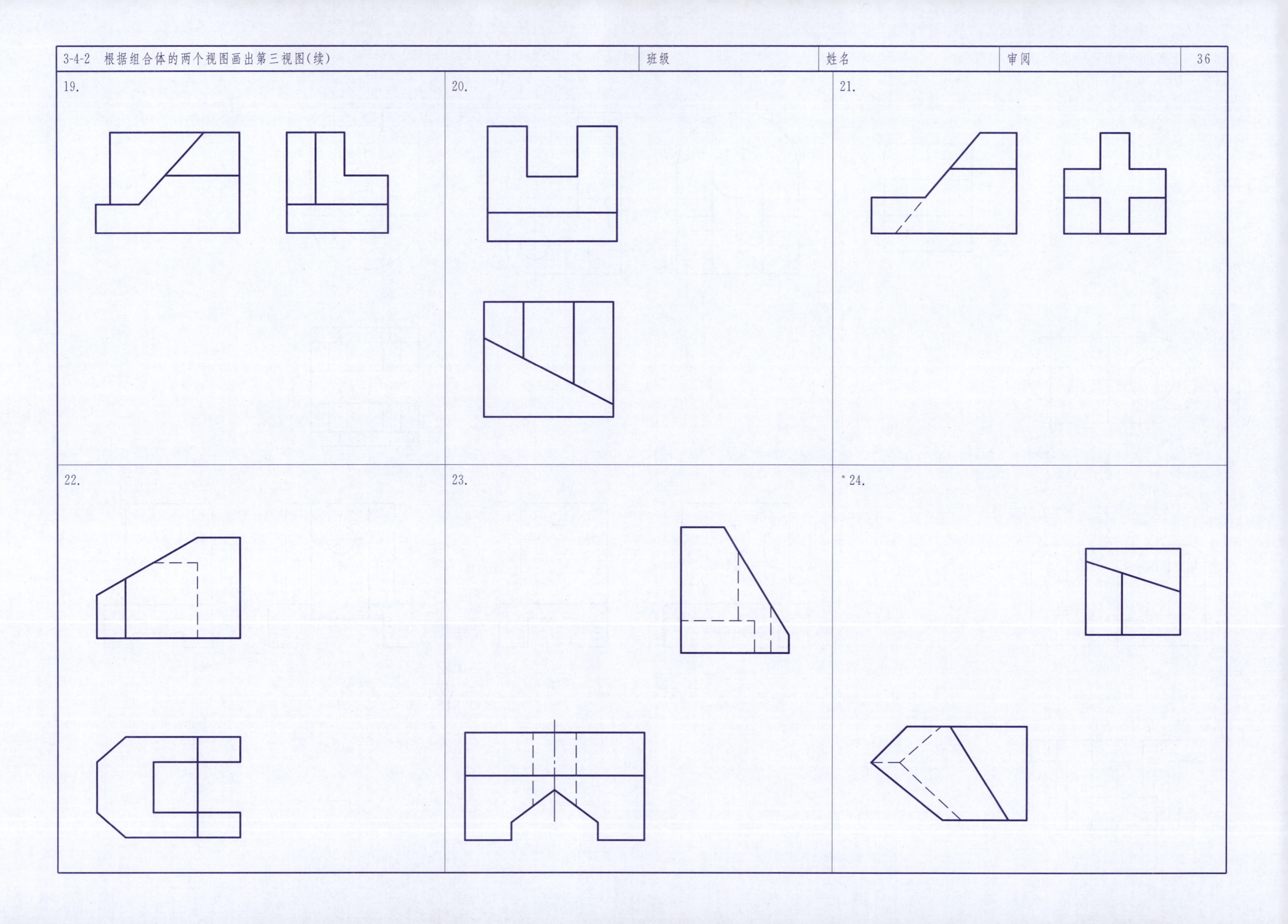

| 3-4-2 根据组合体的两个视图画出第三视图(续) | 班级 | 姓名 | 审阅 | 36 |

19.

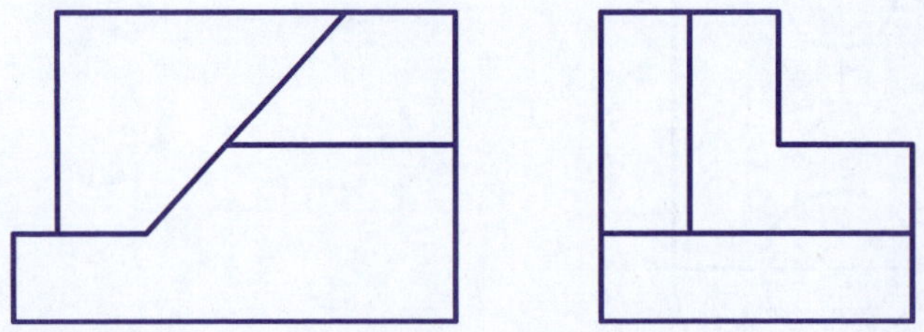

20.

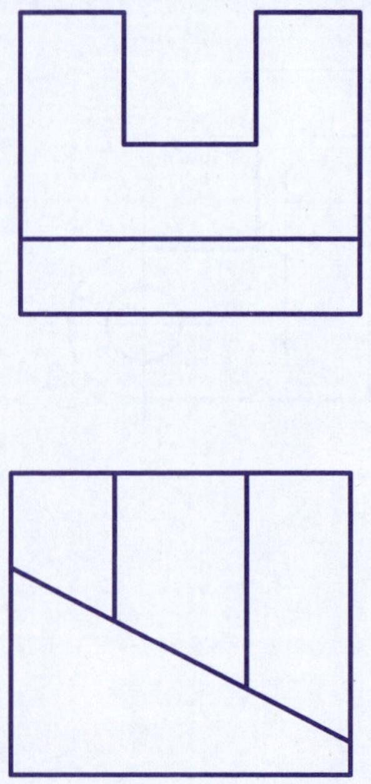

21.

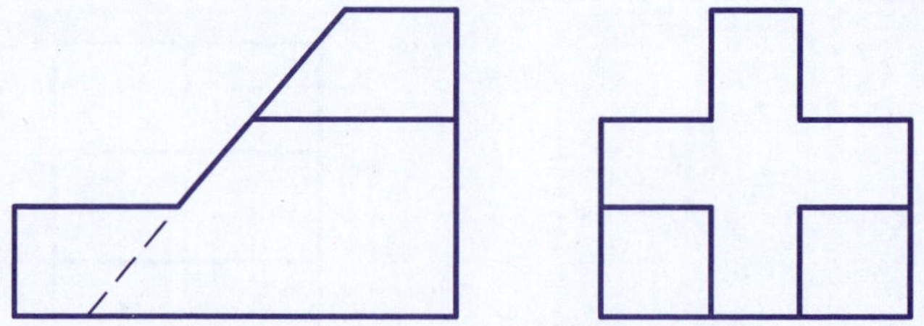

22.

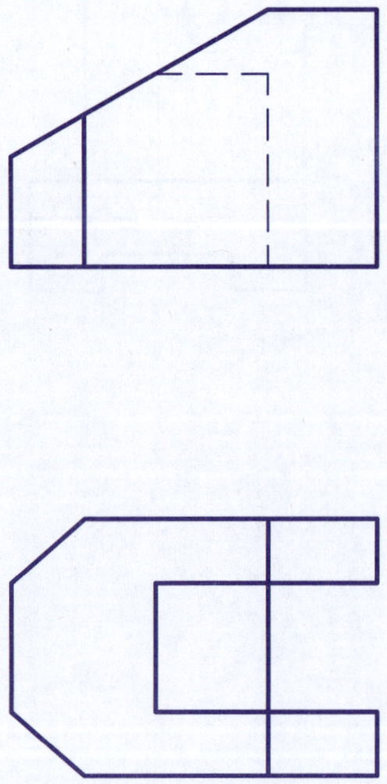

23.

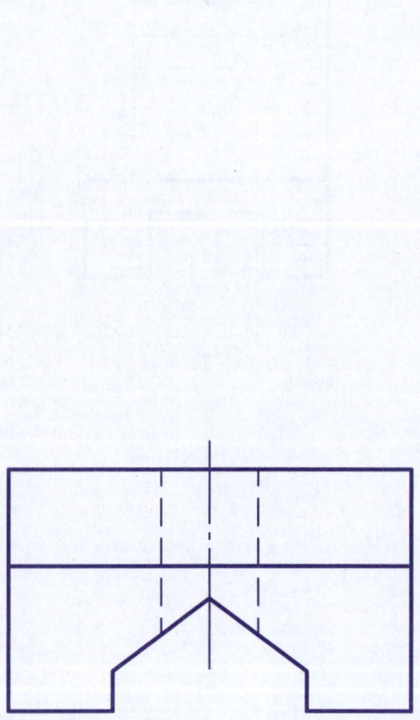

*24.

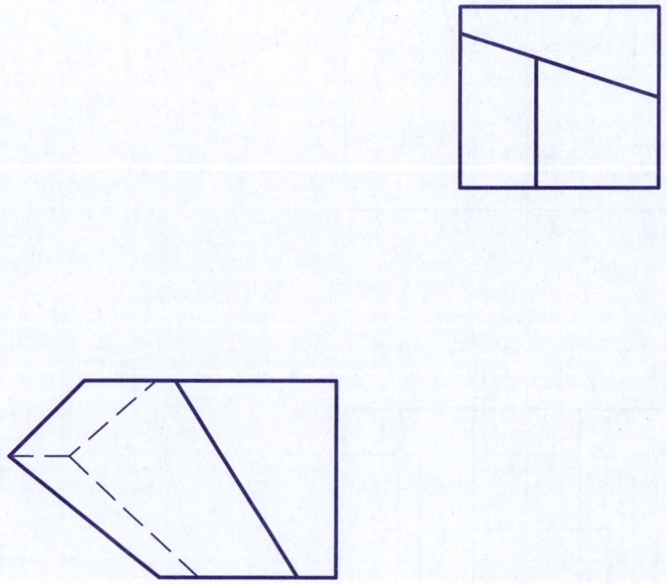

3-4-2 根据组合体的两个视图画出第三视图（续） 37

25.

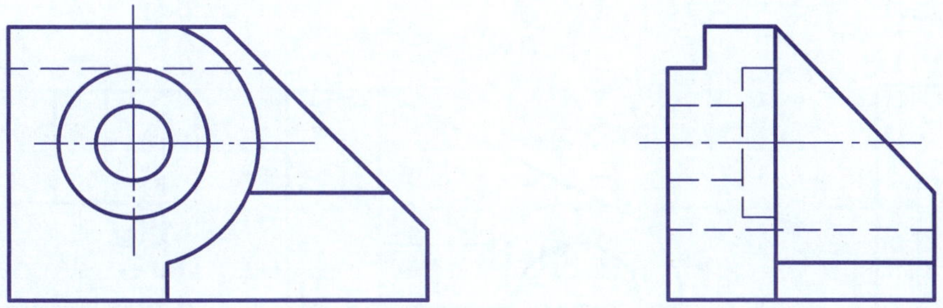

26.

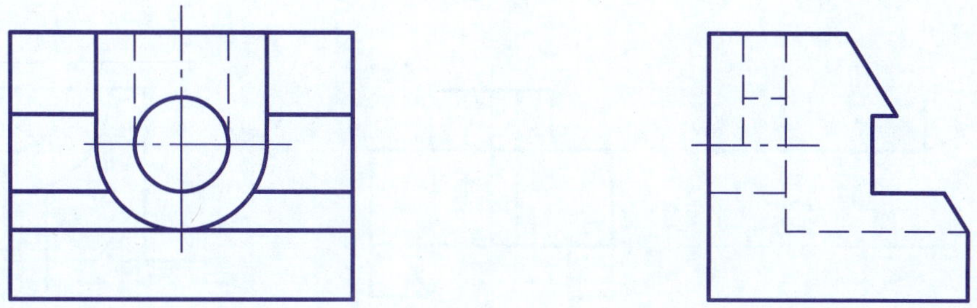

27.

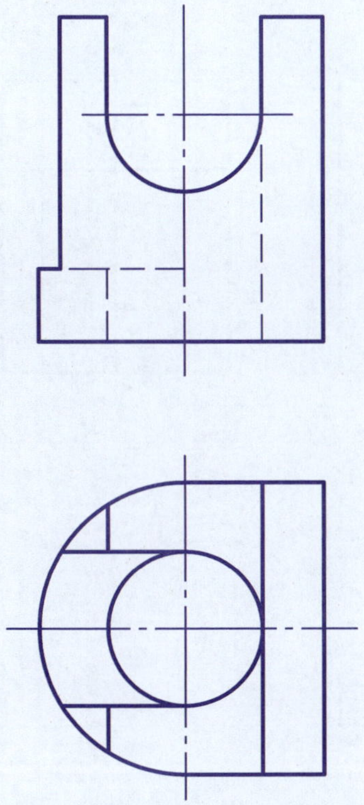

*28

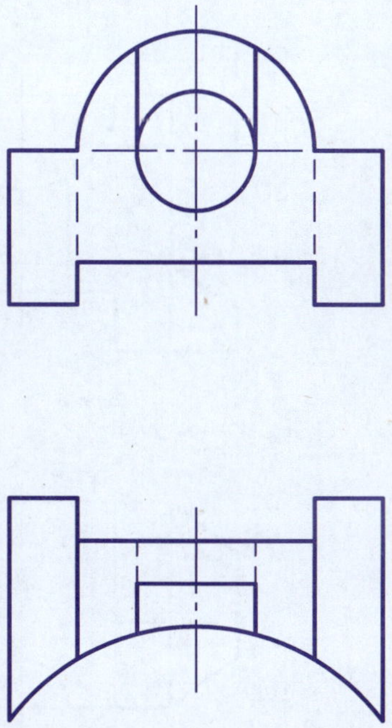

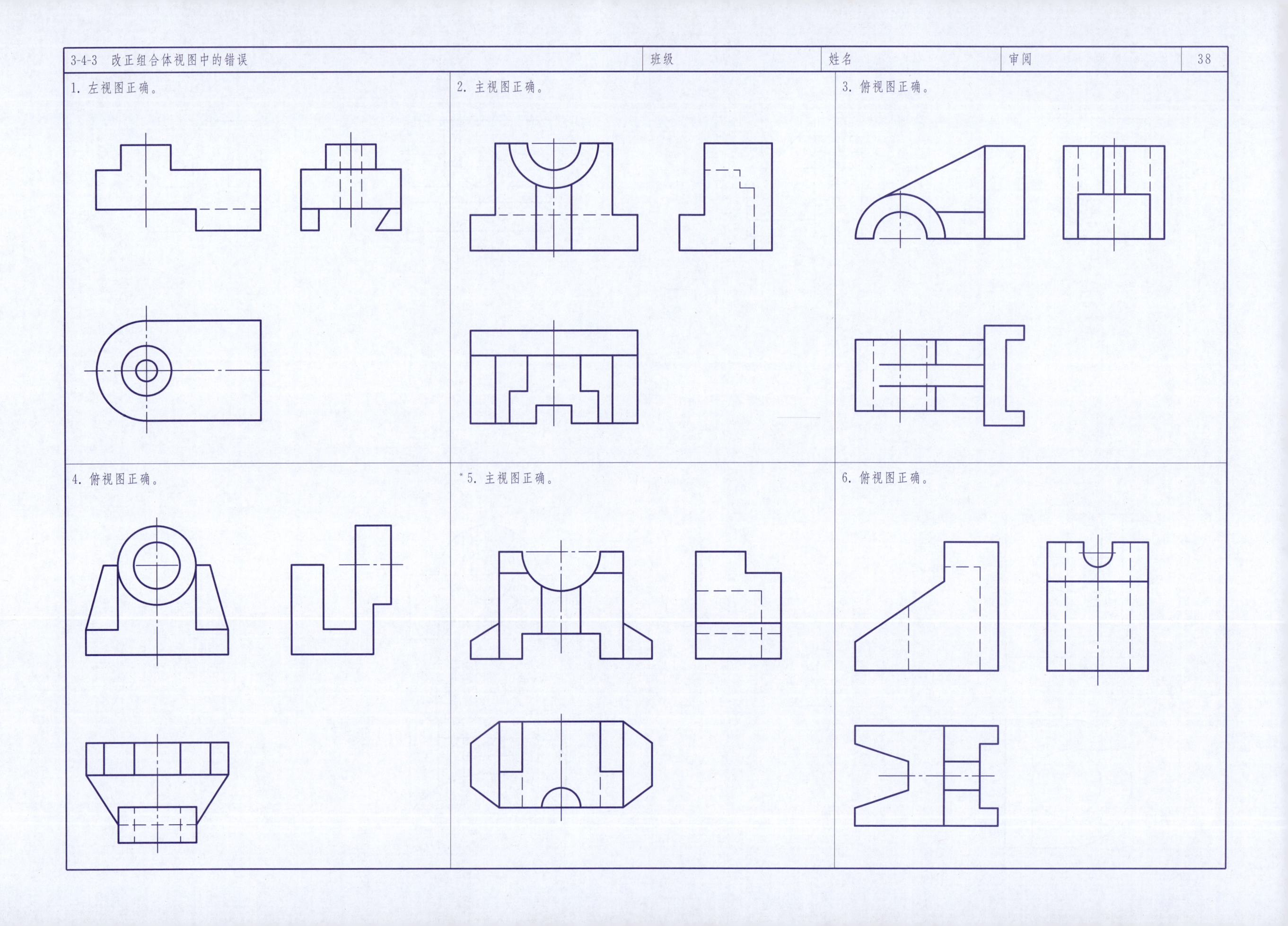

3-4-3 改正组合体视图中的错误		
1. 左视图正确。	2. 主视图正确。	3. 俯视图正确。
4. 俯视图正确。	*5. 主视图正确。	6. 俯视图正确。

第3单元 体的构成及投影　　　　　　　　　　　　　　练习3-5　轴测图

| 班级 | 姓名 | 审阅 | 39 |

1. 在正方体的正等轴测图上画其前、顶、左面的内切圆的轴测投影。

2. 画以 OZ 轴为轴,底圆中心为 O,直径 40,顶圆直径 20,高 30 的圆锥台的正等轴测图。

3. 画组合体的正等轴测图(放大 1 倍画)。

4. 画组合体的正等轴测图(放大 1 倍画)。

5. 画组合体的正等轴测图(放大 1 倍画)。

6. 画组合体的正等轴测图(放大 1 倍画)。

(续) 班级 姓名 审阅 40

7. 徒手画组合体的正等轴测图（数格画）。

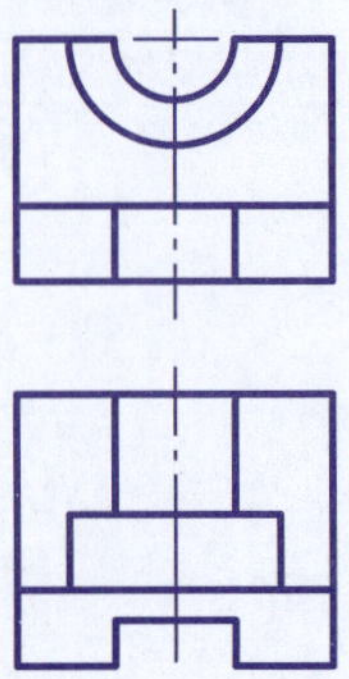

8. 徒手画组合体的正等轴测图（数格画）。

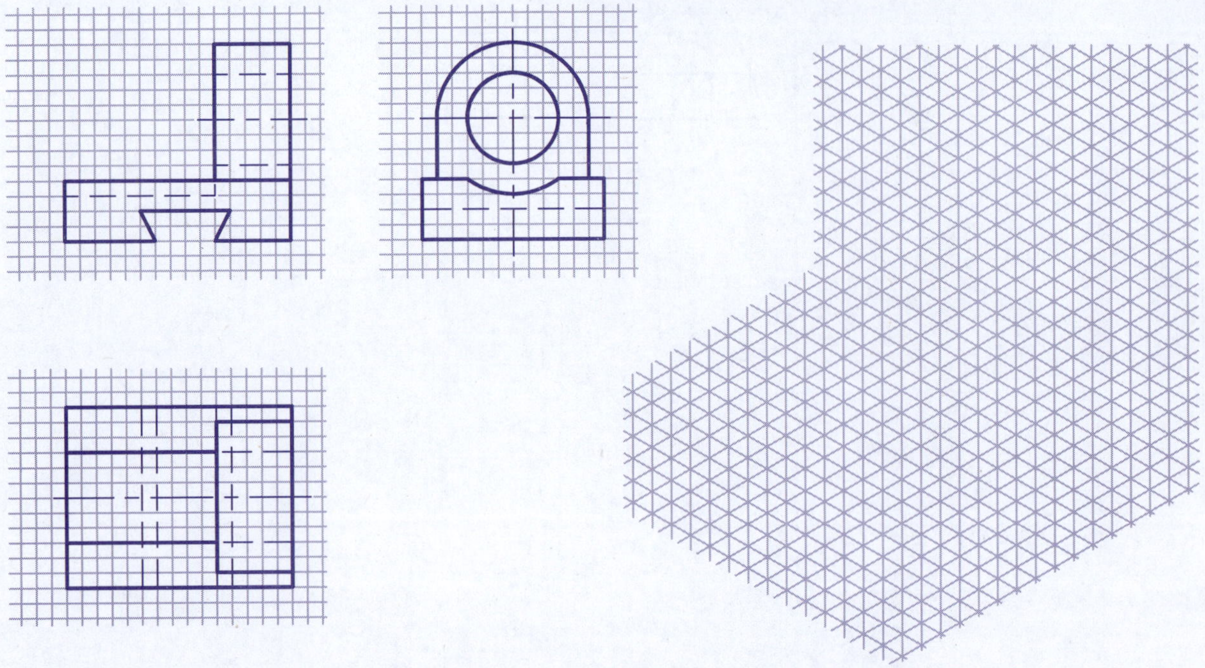

9. 画组合体的斜二等轴测图（放大1倍画）。

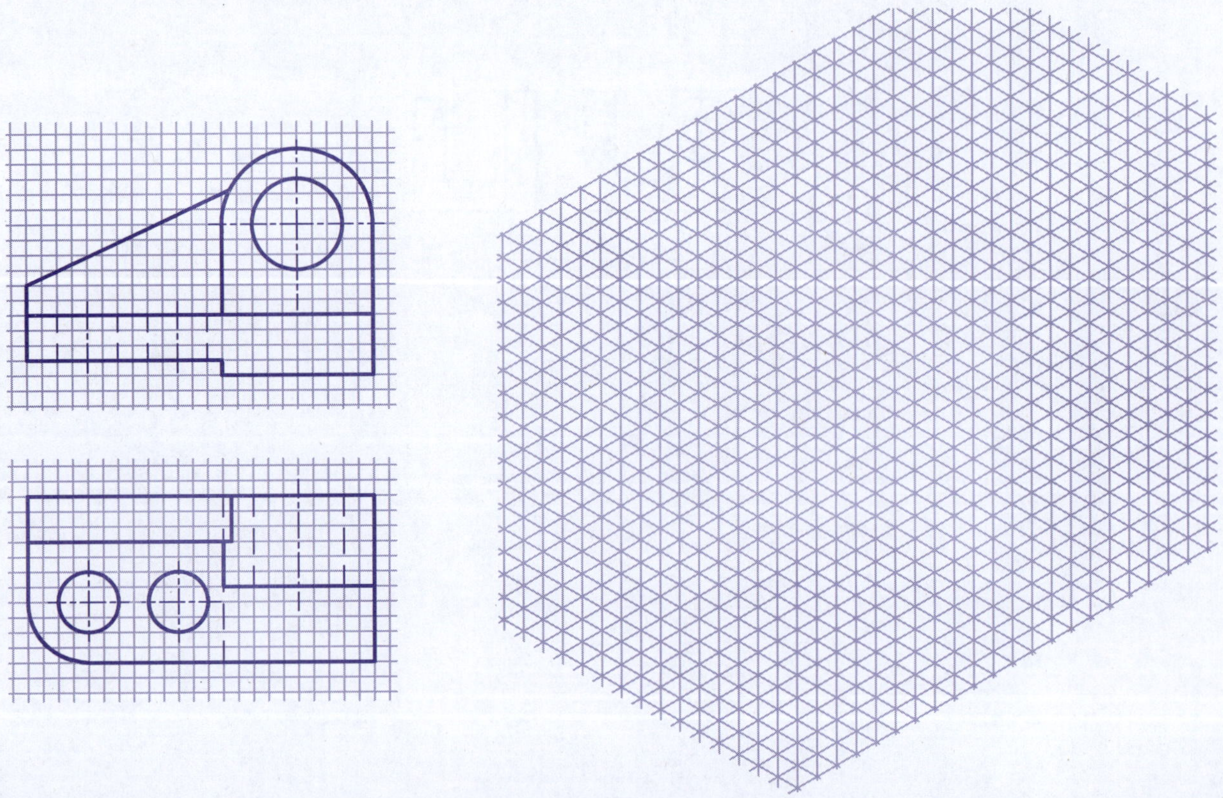

10. 画组合体的斜二等轴测图（放大1倍画）。

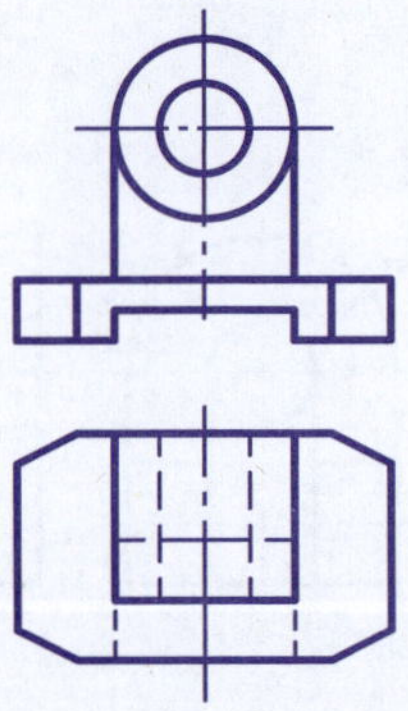

第4单元　形体的表达方法

练习4-1　机件的表达方法

4-1-1　局部视图和斜视图

1. 请根据图(1)所示机件的形状，在图(2)中画出反映斜面实形的 A 向斜视图(局部)。

(1)

(2)

2. 请根据图(1)所示机件的形状，在图(2)中画出反映斜面实形的 A 向及 B 向斜视图(局部)。

(1)

(2)

| 4-1-2 剖视图 | 班级　　　姓名　　　审阅 | 42 |

1. 完成主视图(全剖视)和左视图(半剖视)。

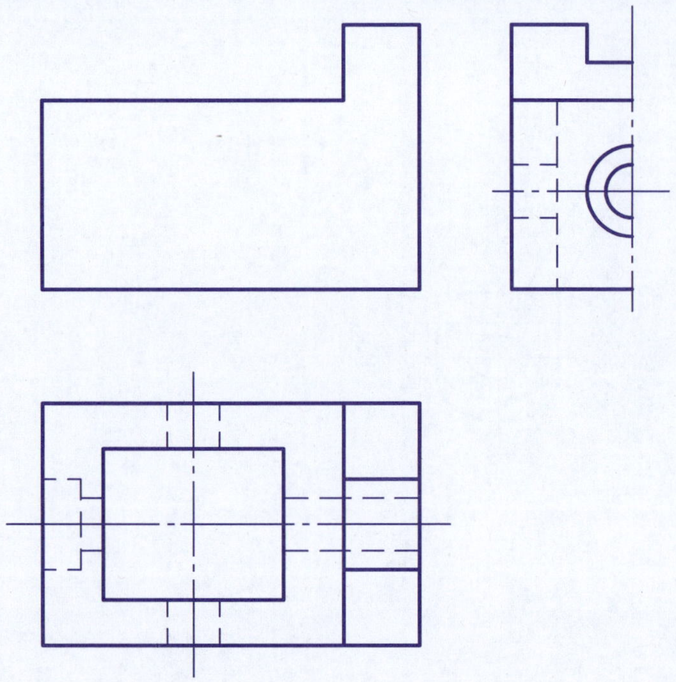

2. 完成主视图(半剖视)和左视图(半剖视)。

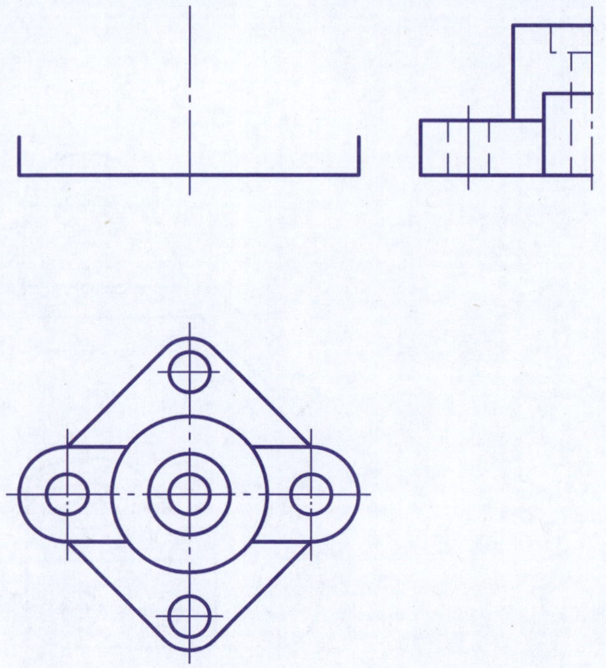

3. 作左视图(全剖视)。

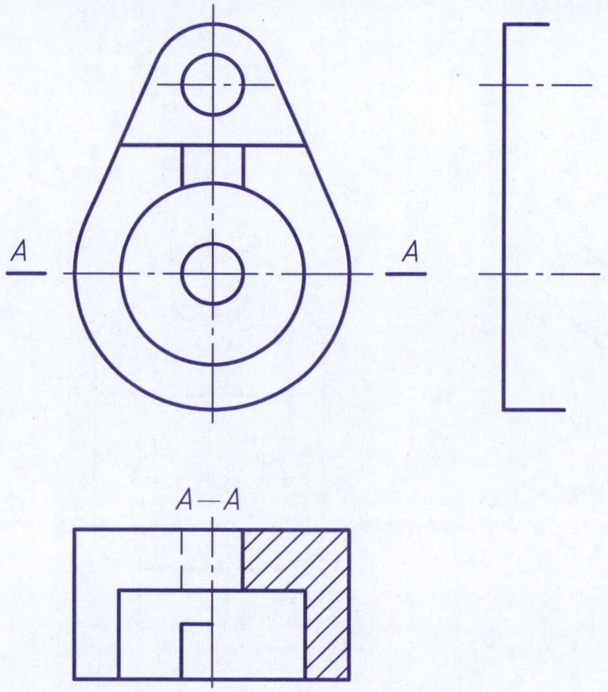

4. 作主视图(全剖视)。

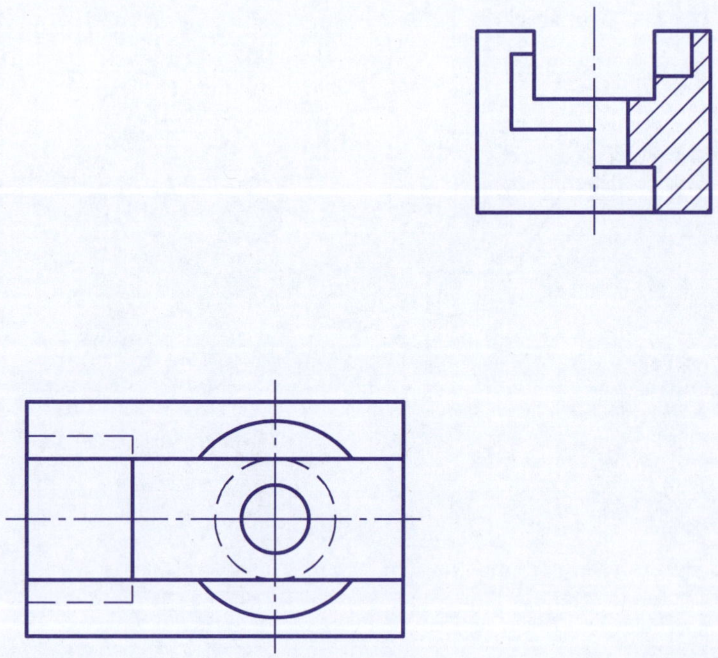

5. 完成主视图(半剖视)并作左视图(全剖视)。

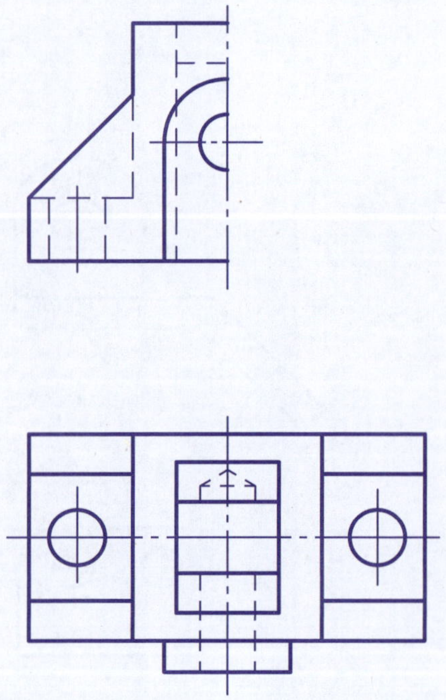

6. 作主视图(全剖视)。

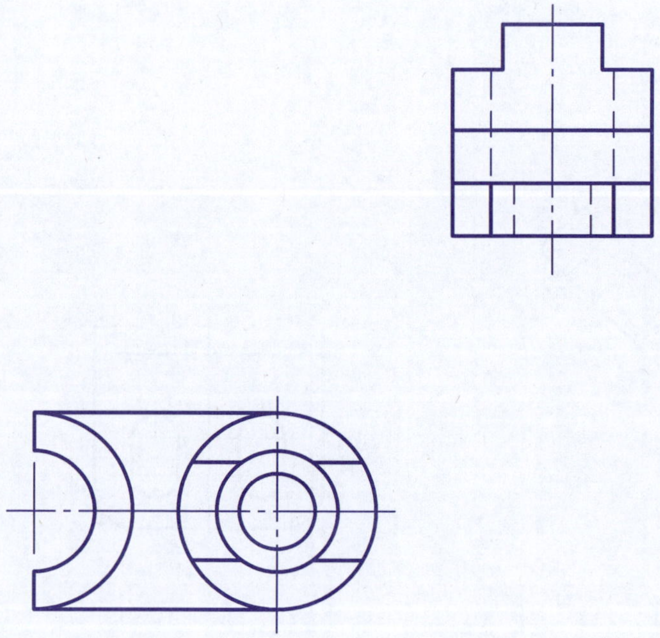

4-1-2 剖视图(续)

7. 作左视图(全剖视)。

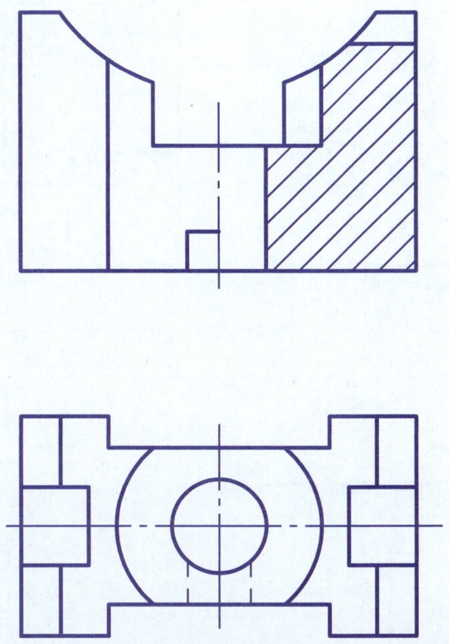

*8. 作主视图(半剖视)。

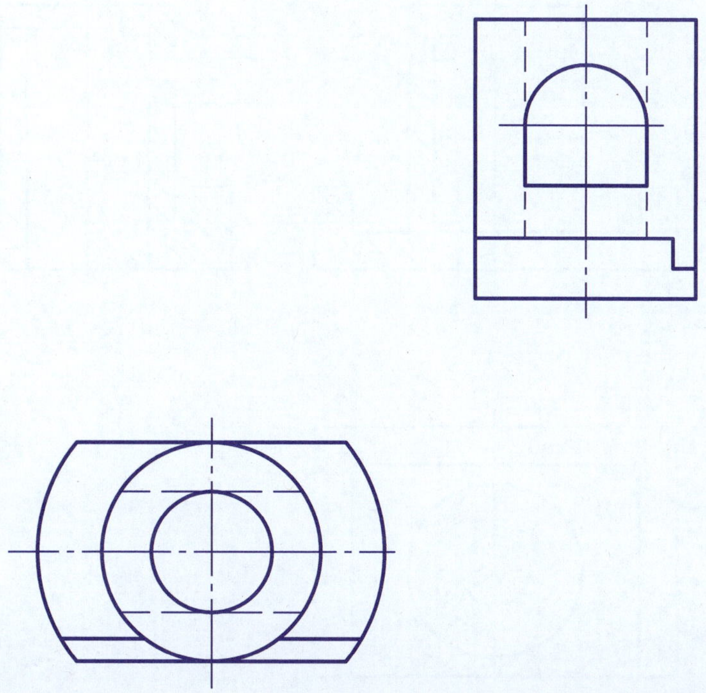

*9. 作左视图(全剖视)。

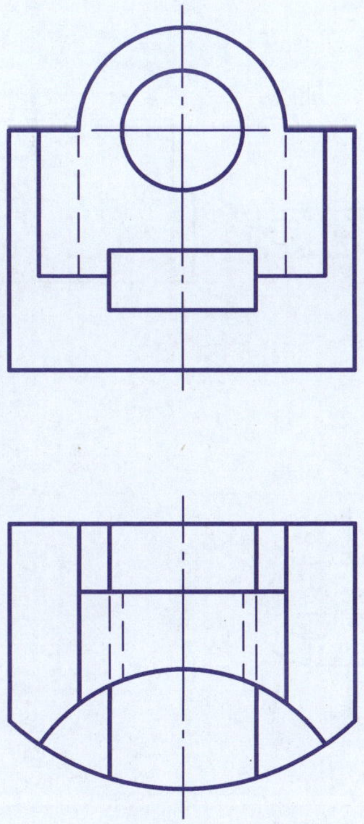

*10. 作左视图并在其上取适当的剖视。

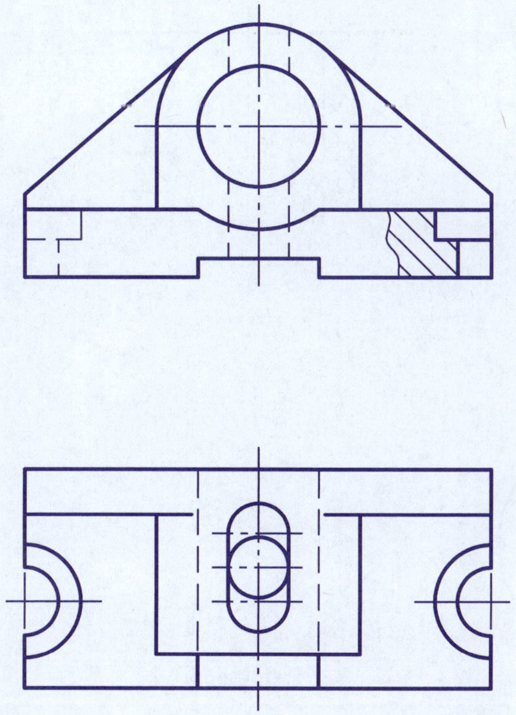

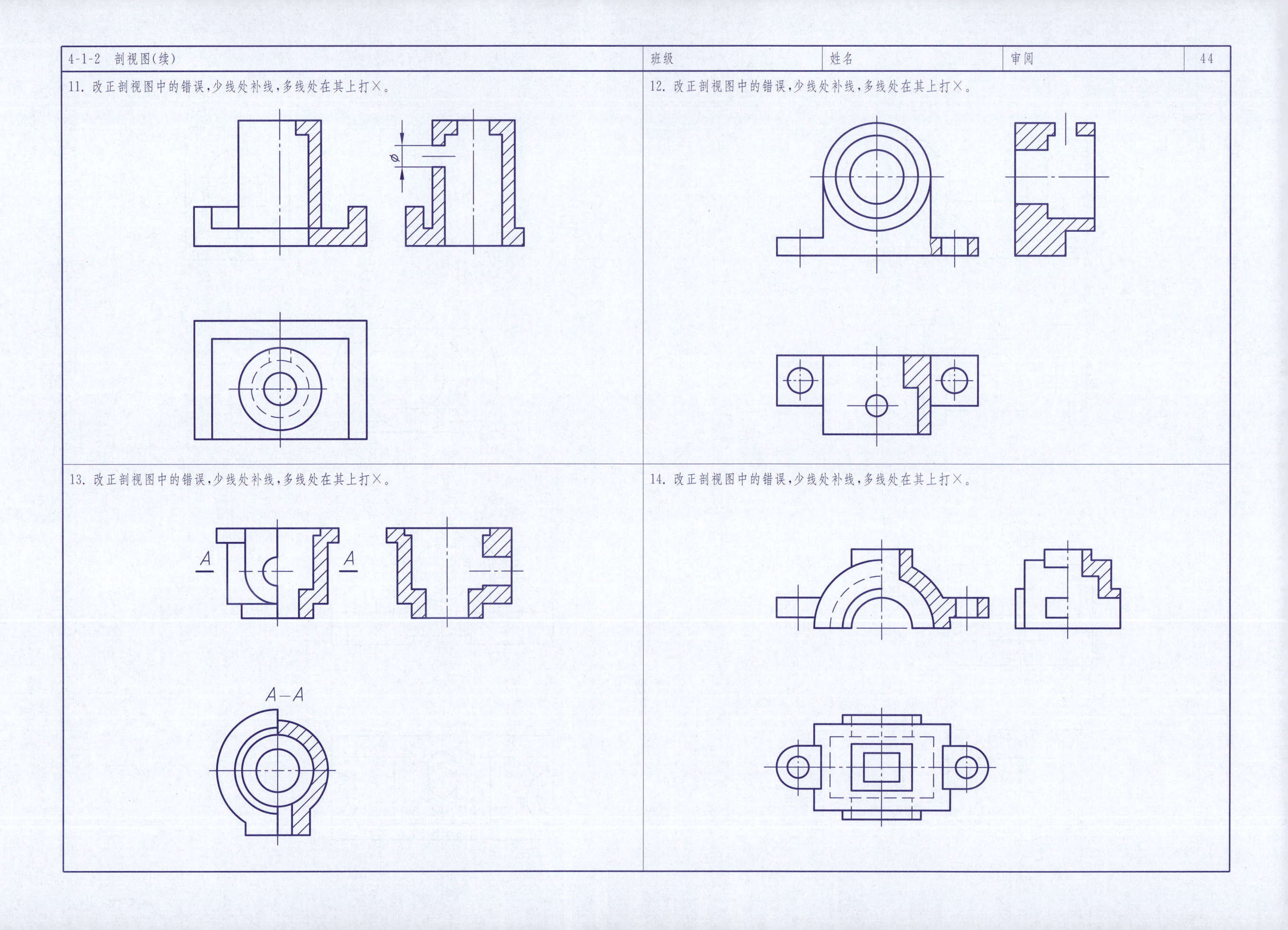

| 4-1-2 剖视图(续) | 班级　　　姓名　　　审阅 | 44 |

11. 改正剖视图中的错误，少线处补线，多线处在其上打×。

12. 改正剖视图中的错误，少线处补线，多线处在其上打×。

13. 改正剖视图中的错误，少线处补线，多线处在其上打×。

14. 改正剖视图中的错误，少线处补线，多线处在其上打×。

A—A

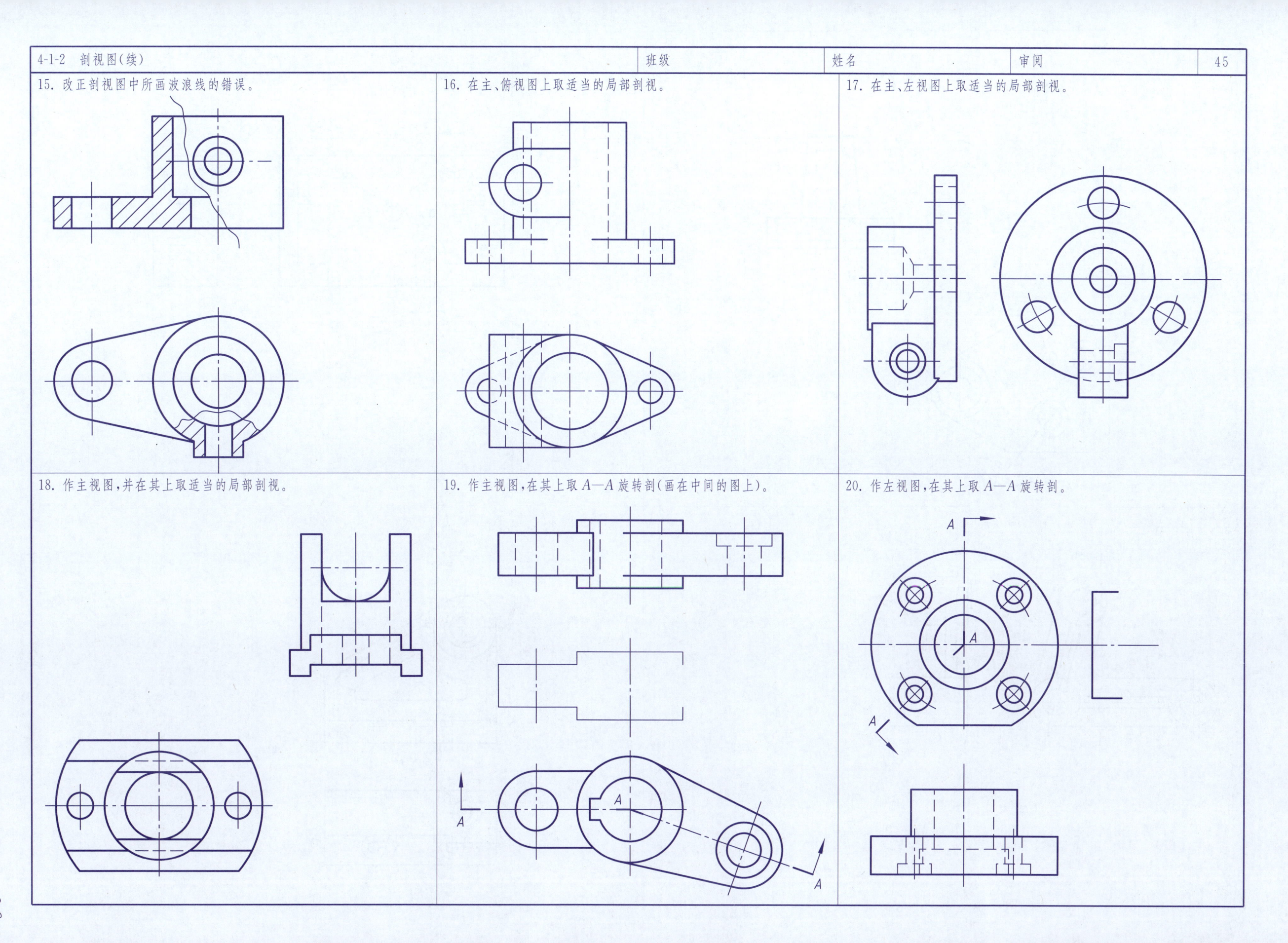

| 4-1-2 剖视图(续) | 班级　　　姓名　　　审阅 | 45 |

15. 改正剖视图中所画波浪线的错误。

16. 在主、俯视图上取适当的局部剖视。

17. 在主、左视图上取适当的局部剖视。

18. 作主视图，并在其上取适当的局部剖视。

19. 作主视图，在其上取 A—A 旋转剖(画在中间的图上)。

20. 作左视图，在其上取 A—A 旋转剖。

| 4-1-2 剖视图(续) | 班级 | 姓名 | 审阅 | 46 |

21. 作主视图,在其上取 A—A 阶梯剖。

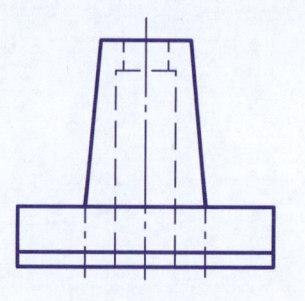

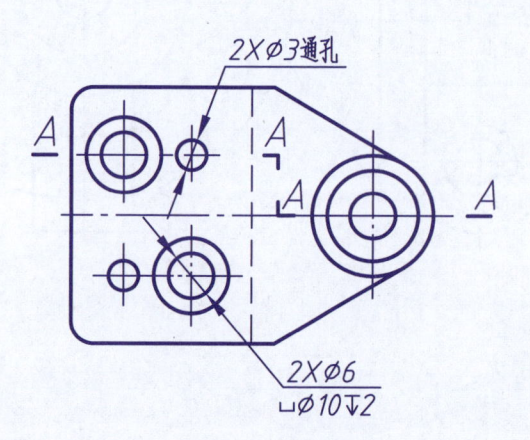

22. 作俯视图,取适当的阶梯剖,将 A—A 未剖到的孔表示出来。

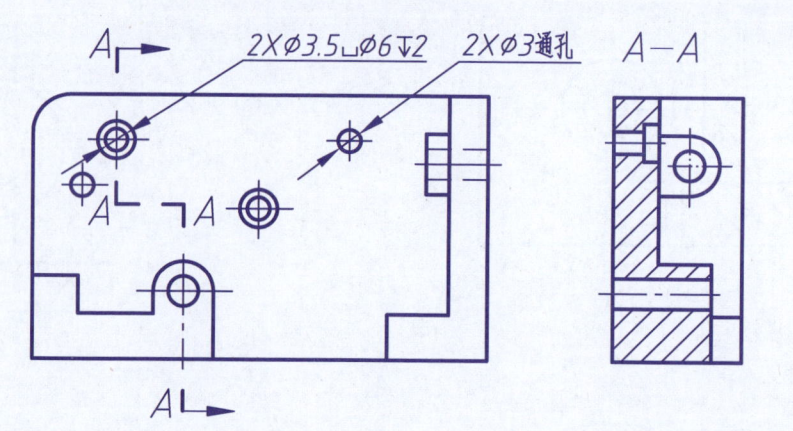

*23. 作 A—A 斜剖的全剖视图,并作 B—B 全剖视图。

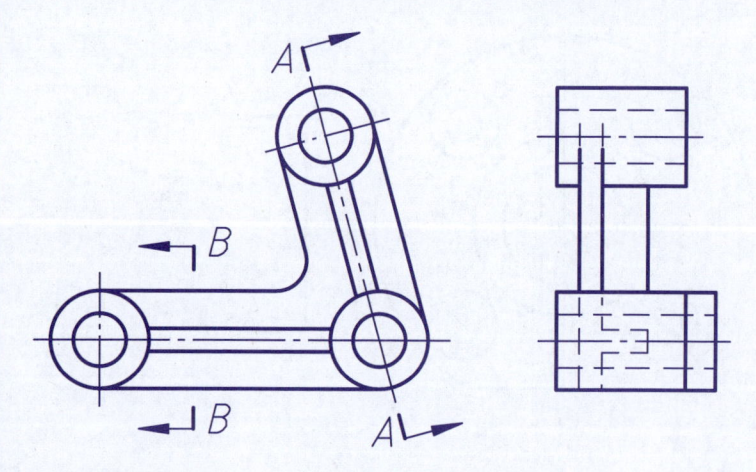

*24. 作左视图,在其上取 A—A 复合剖。

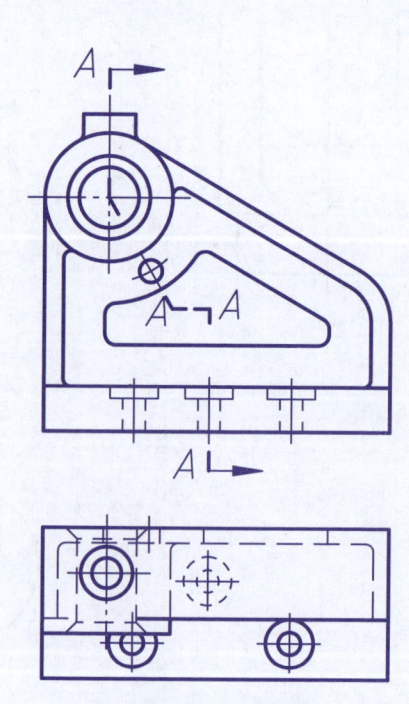

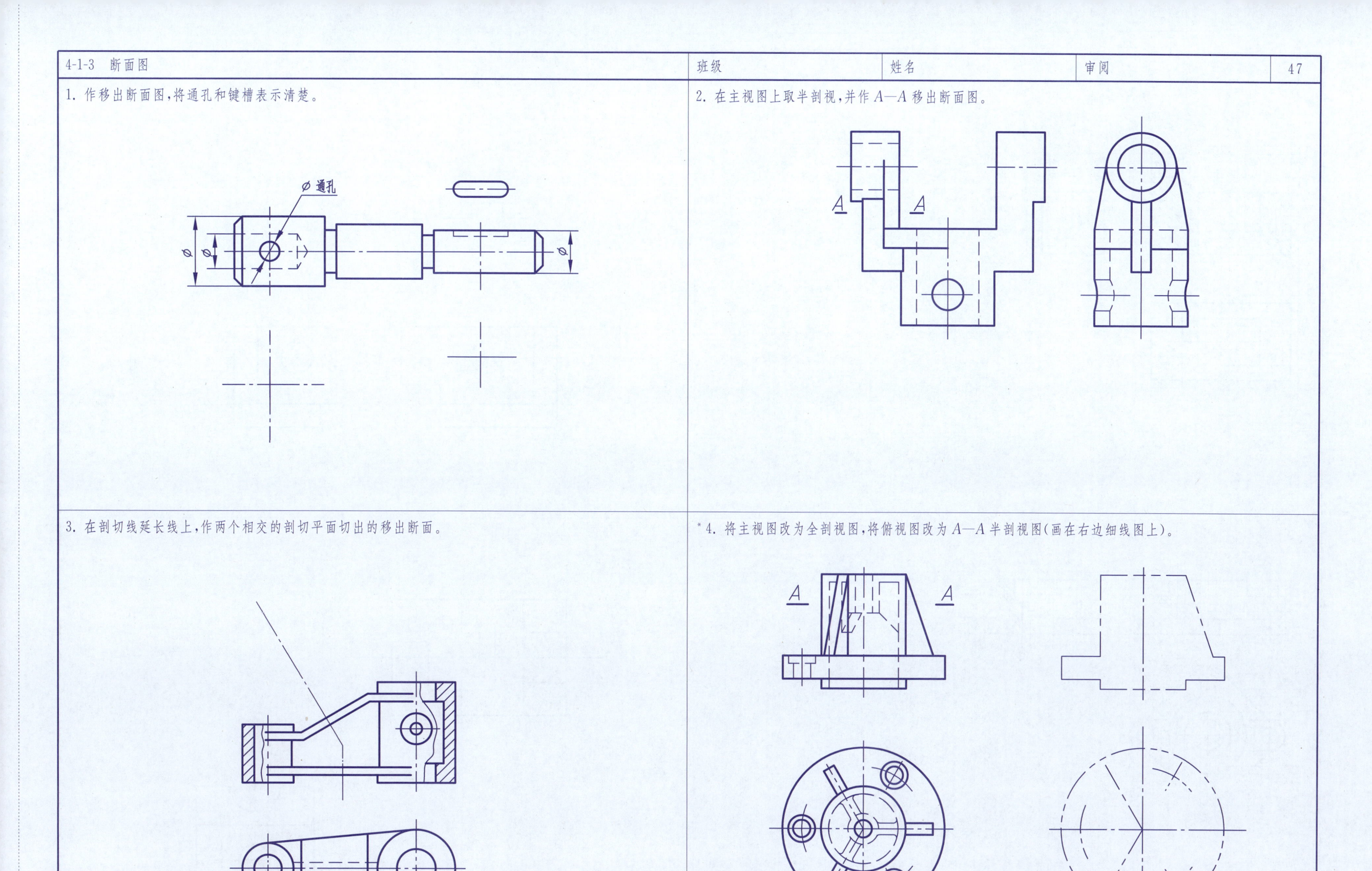

| 4-1-3 断面图 | 班级 | 姓名 | 审阅 | 47 |

1. 作移出断面图,将通孔和键槽表示清楚。

2. 在主视图上取半剖视,并作 A—A 移出断面图。

3. 在剖切线延长线上,作两个相交的剖切平面切出的移出断面。

*4. 将主视图改为全剖视图,将俯视图改为 A—A 半剖视图(画在右边细线图上)。

| *4-1-4 轴测剖视图和第三角投影练习 | 班级　　　　　姓名　　　　　审阅 | 48 |

1. 徒手画组合体的轴测剖视图(数格画)。

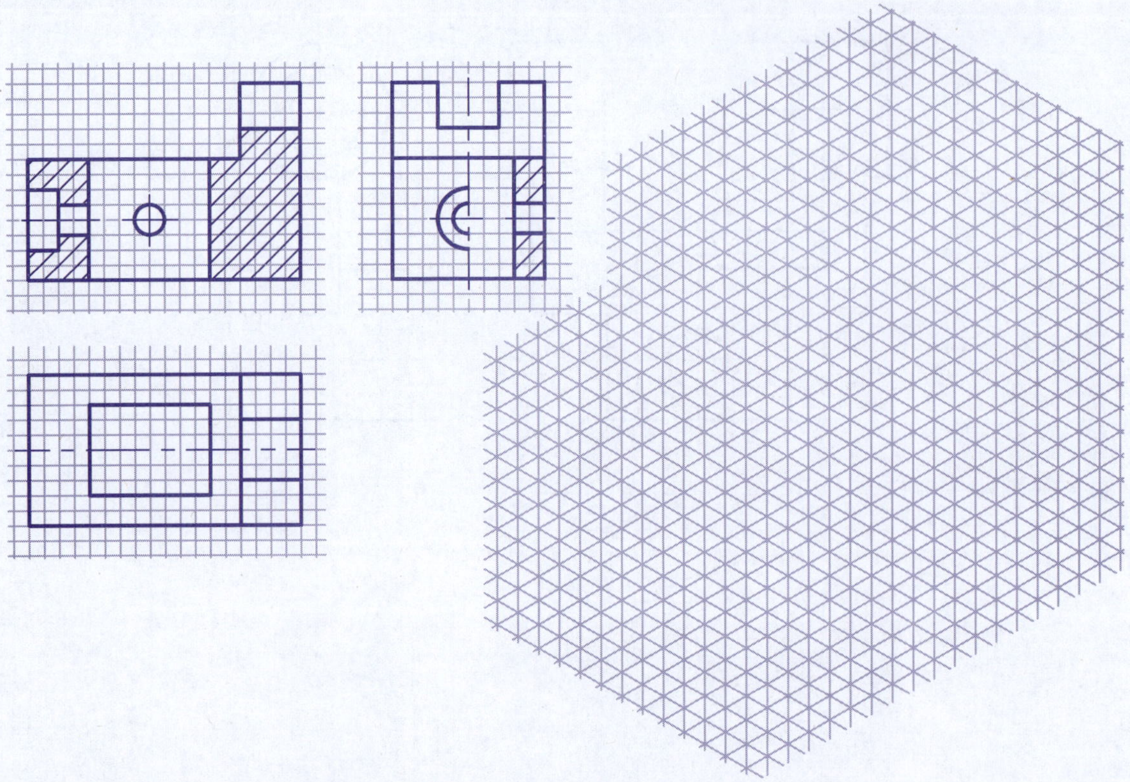

*3. 作顶视图。

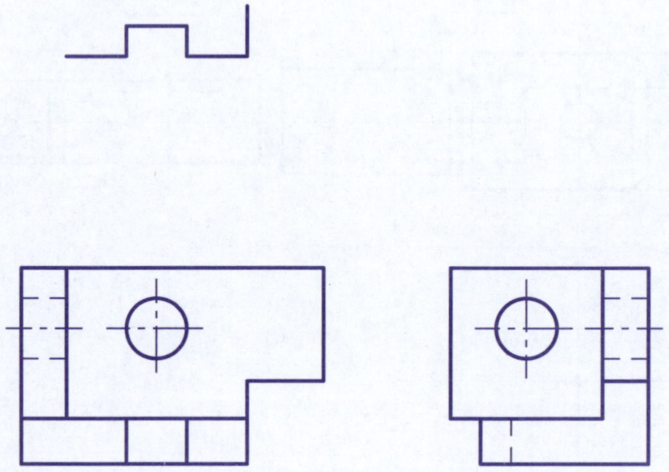

2. 徒手画组合体的轴测剖视图(数格画)。

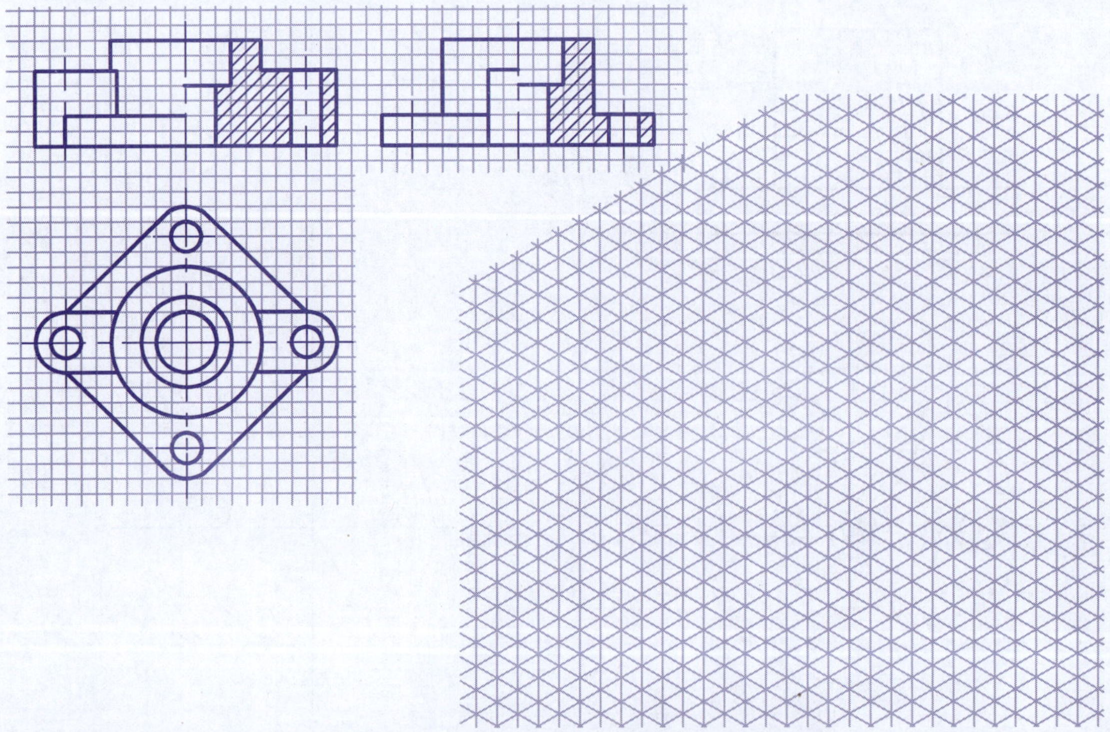

*4. 作前视图，在其上作 A—A 剖视并作标注。

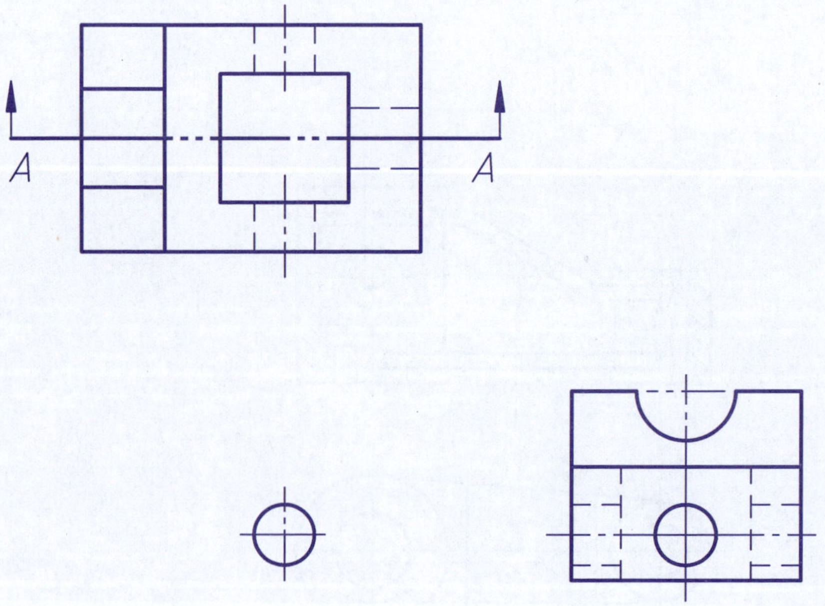

第4单元　形体的表达方法

练习4-2　组合体尺寸标注

4-2-1　改正不符合基本规则的尺寸注法

1. 圈出不符合基本规则的尺寸注法，并在右面图中完成正确的尺寸标注。

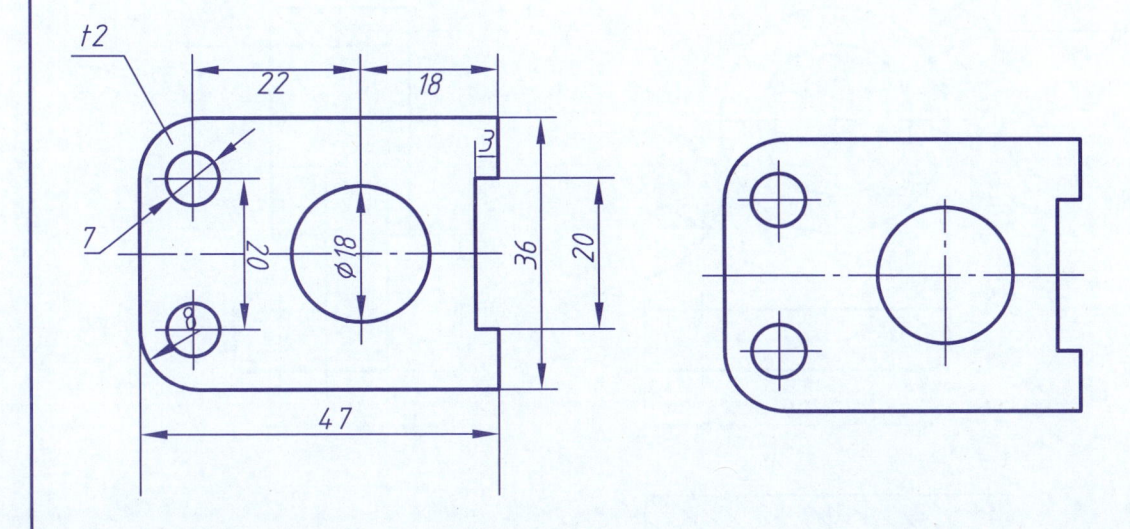

2. 圈出不符合基本规则的尺寸注法，并在右面图中完成正确的尺寸标注。

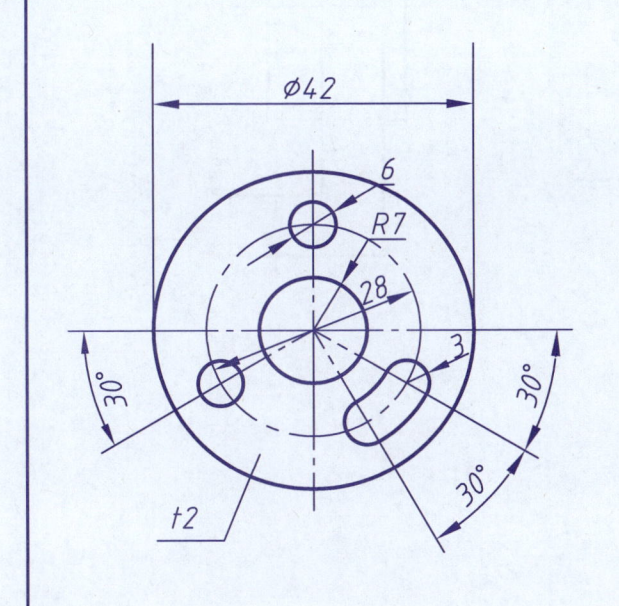

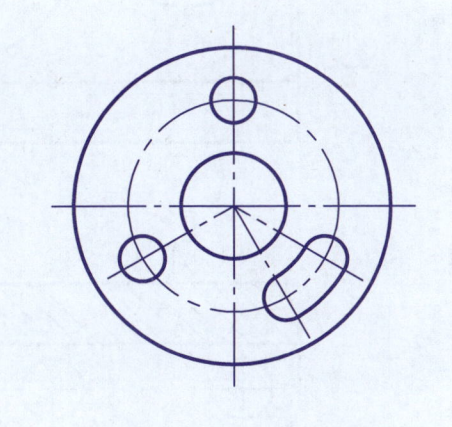

3. 圈出不符合基本规则的尺寸注法，并在下面图中完成正确的尺寸标注。

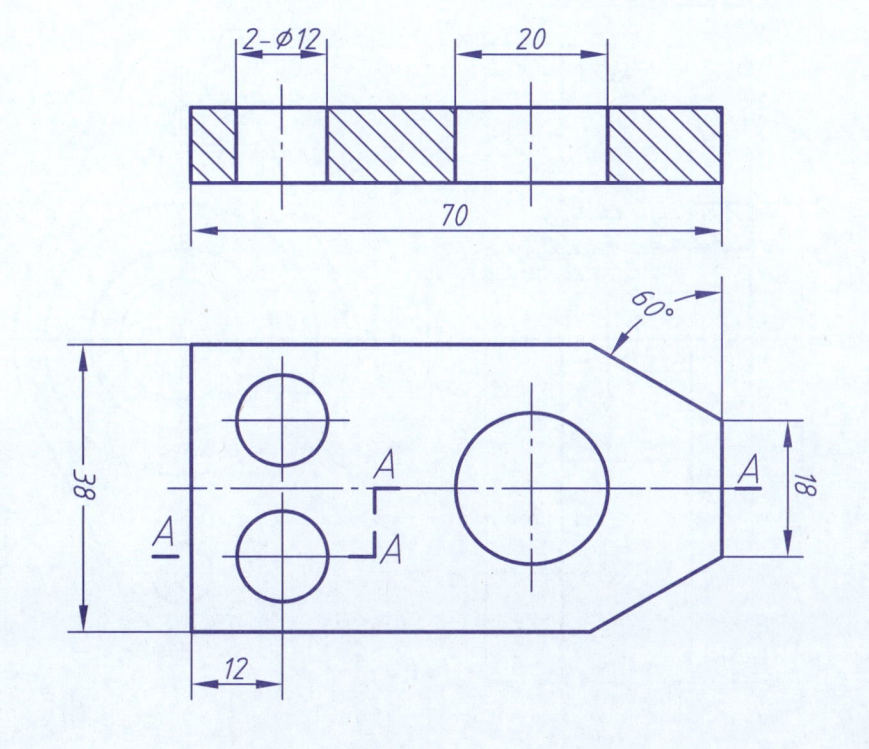

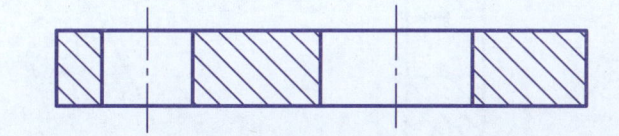

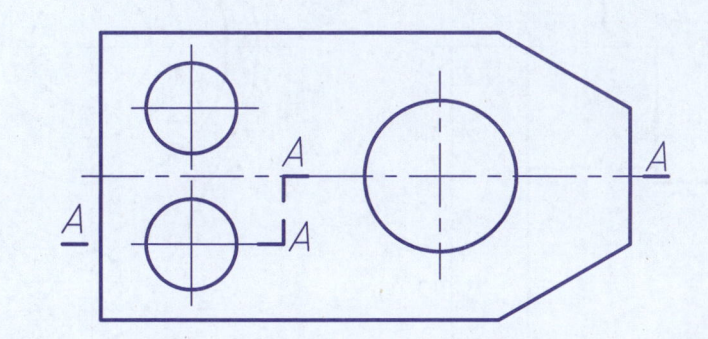

| 4-2-1 改正不符合基本规则的尺寸注法(续) | 班级 | 姓名 | 审阅 | 50 |

4. 圈出不符合基本规则的尺寸注法,并在下面图中完成正确的尺寸标注。

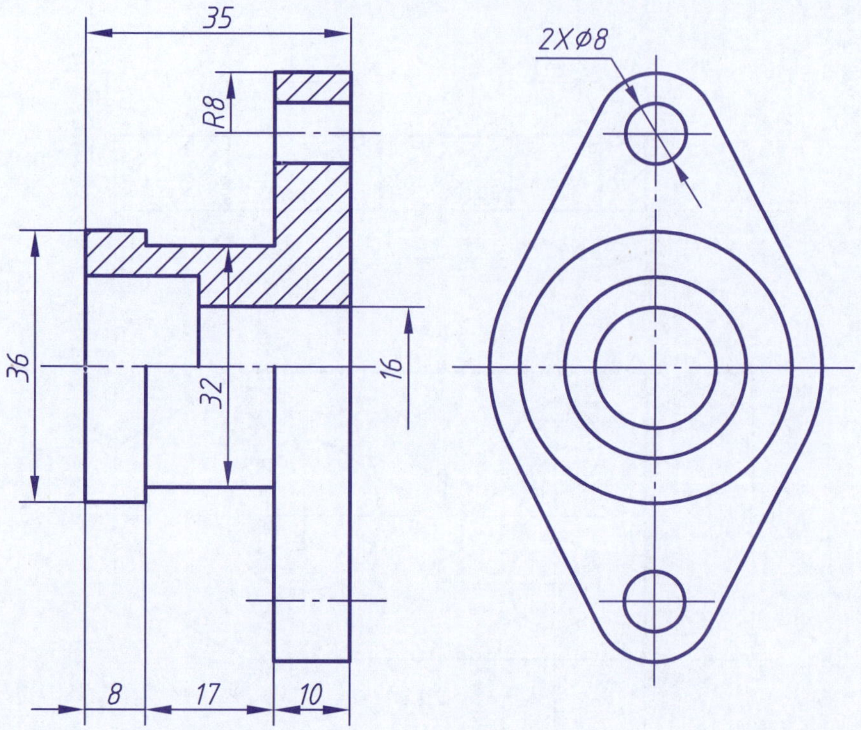

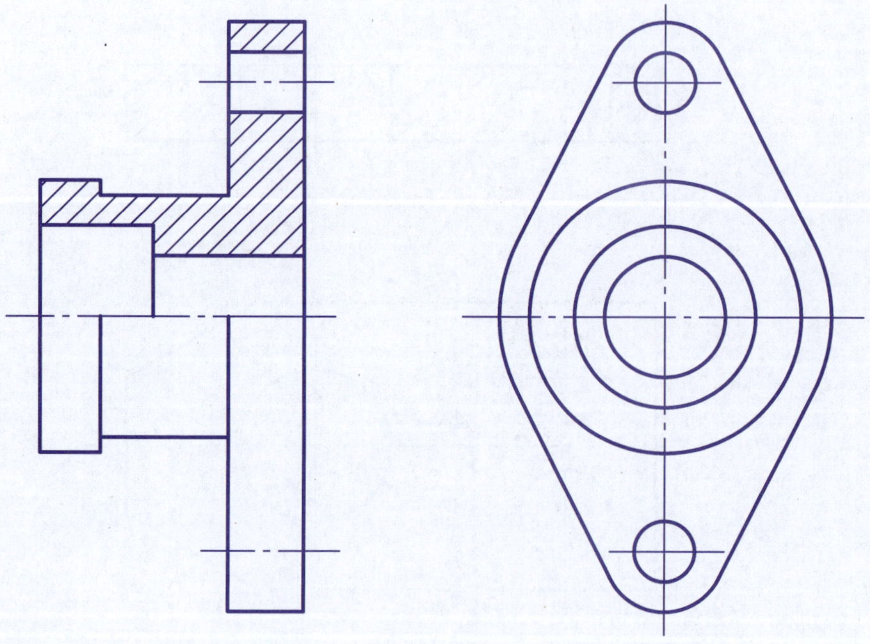

5. 圈出不符合基本规则的尺寸注法,并在下面图中完成正确的尺寸标注。

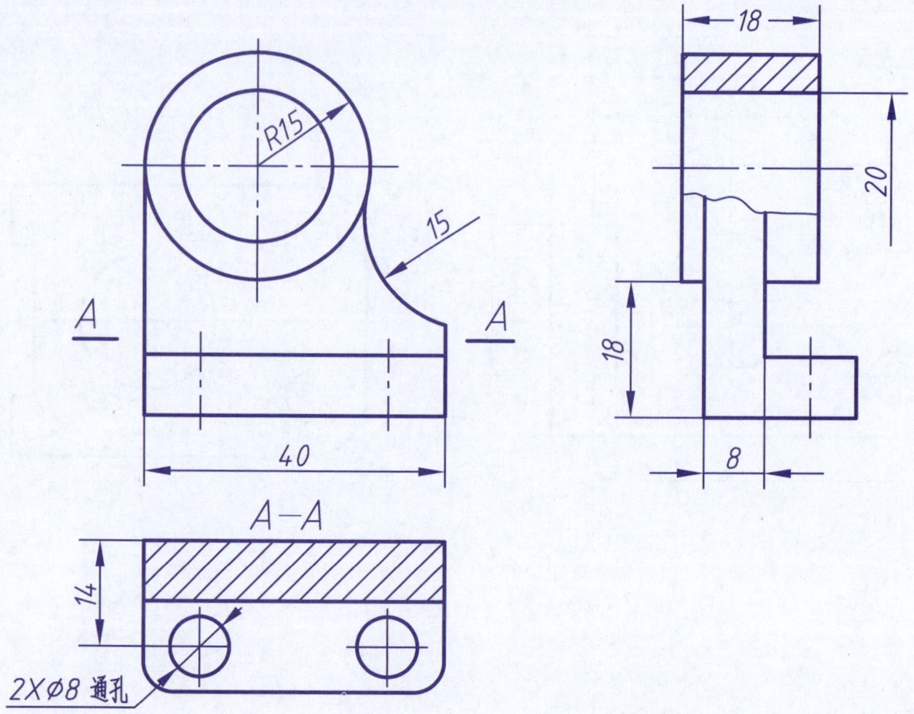

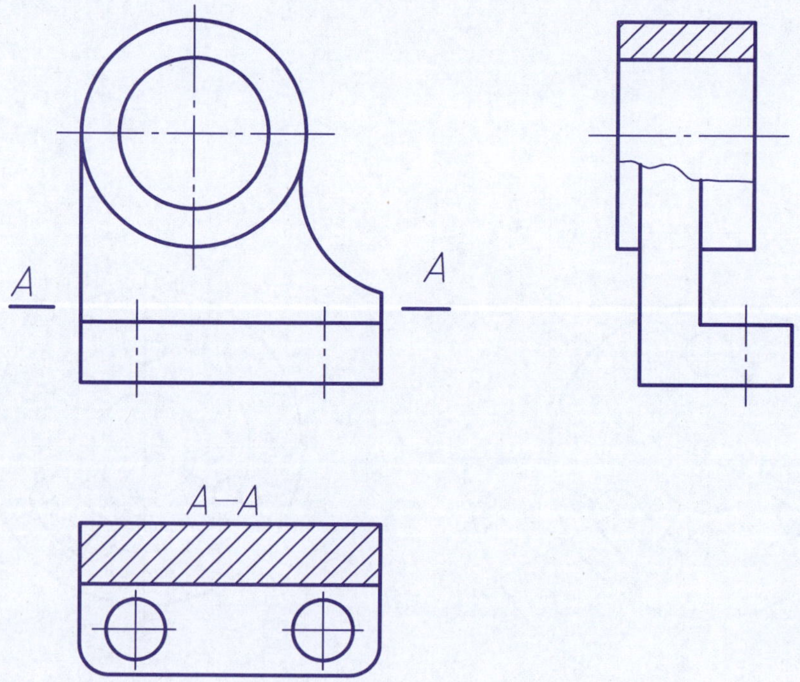

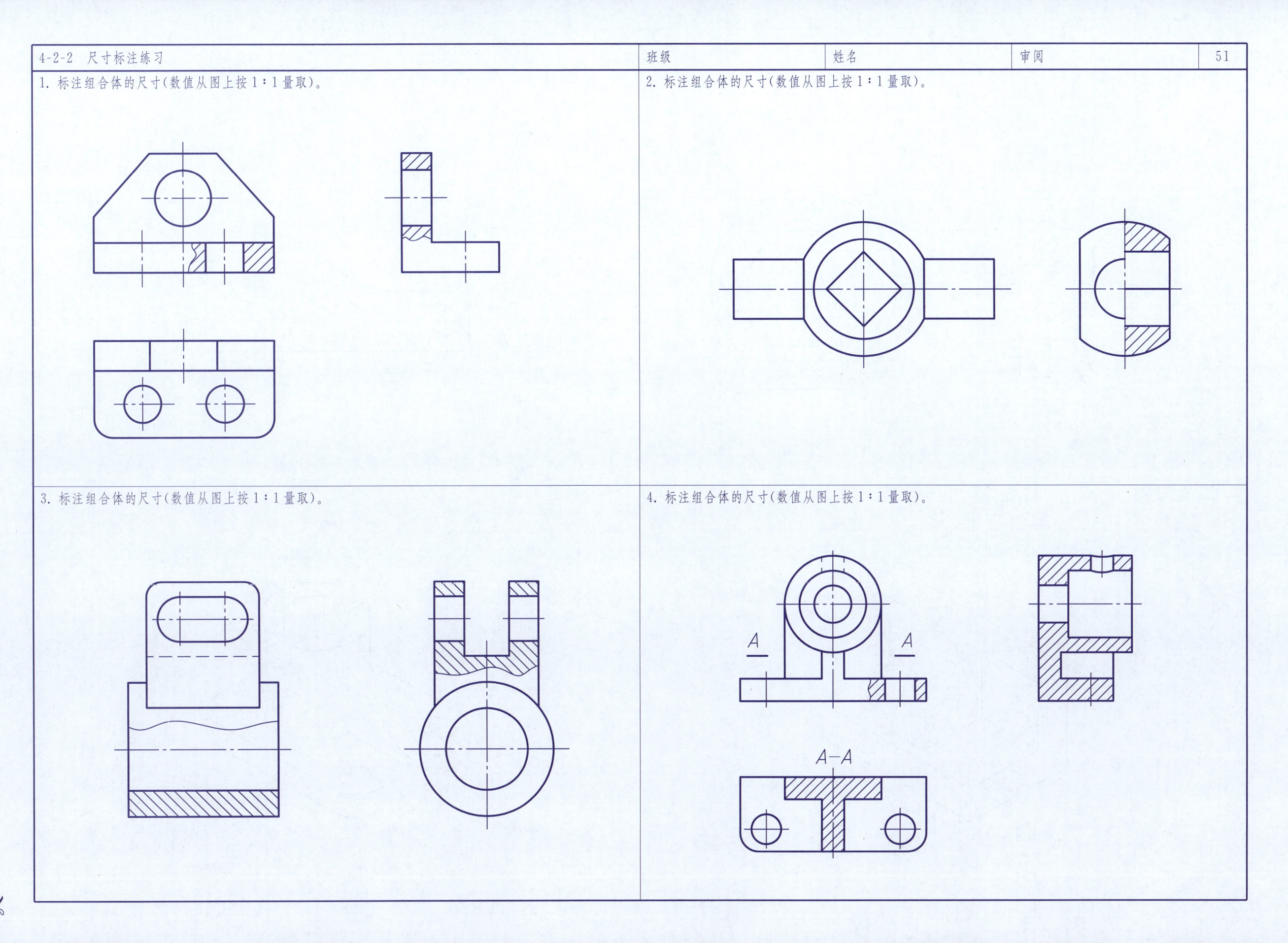

| 4-2-2 尺寸标注练习 | 班级　　　姓名　　　审阅 | 51 |

1. 标注组合体的尺寸(数值从图上按1:1量取)。

2. 标注组合体的尺寸(数值从图上按1:1量取)。

3. 标注组合体的尺寸(数值从图上按1:1量取)。

4. 标注组合体的尺寸(数值从图上按1:1量取)。

A—A

| 4-2-2 尺寸标注练习(续) | 班级　　　姓名　　　审阅 | 52 |

5. 标注组合体的尺寸。

6. 标注组合体的尺寸。

t5

∅9通孔

7. 标注轴测图的尺寸。

8. 标注轴测图的尺寸。

练习4-3 表达方法综合训练

1. 根据组合体的轴测图，画出其三视图。除已标注尺寸外，其余部分按相对比例绘制。

2. 根据组合体的轴测图，画出其三视图。除已标注尺寸外，其余部分按相对比例绘制。

| （续） | 班级 | 姓名 | 审阅 | 54 |

3. 根据组合体的轴测图，画出其三视图。除已标注尺寸外，其余部分按相对比例绘制。

4. 根据组合体的轴测图，画出其三视图。除已标注尺寸外，其余部分按相对比例绘制。

(续) 班级　　　姓名　　　审阅　　　55

5. 读图，选适当方案表达该机件并标注尺寸。

机件的表达和尺寸标注作业指示书

(1) 作业目的
① 练习表达方法的选择和视图、剖视的画法。
② 练习尺寸标注。
③ 提高绘图技能。

(2) 作业内容和要求
① 读懂所给视图，想清机件形状。
② 保持主视图放置位置不变，选择适当的表达方案，将机件内、外形表达清楚，做到全图不用虚线。
③ 绘制草图，标注尺寸，抄绘到 A3 图纸上。

(3) 对作业的指示
① 选择表达方案时要注意将各组成部分内、外形状及其相对位置和连接关系表达清楚，认真思考、比较几种不同方案后调整确定。
② 按所确定的表达方案在方格纸上目测、徒手画成草图，图形大小与所给图形基本一致，并应保持各部分形体间的大致比例。
③ 运用形体分析法标注尺寸。首先确定应标注哪些尺寸，在方格纸上画出全部尺寸界线和尺寸线，再逐个形体逐一审查定形尺寸、定位尺寸和总体尺寸，做到规格正确、标注完整、布置清晰。再在所给视图上量取尺寸数值，放大 1.5 倍后(取整)填写尺寸数字。
④ 对所绘草图的图形、尺寸检查无误后，在 A3 图纸上用 1∶1 比例抄绘成正规图。绘图时注意分形体画，利用投影关系将几个视图联系起来画，以提高绘图质量和速度。
⑤ 描深要求同前，作业名称填写"机件体"。

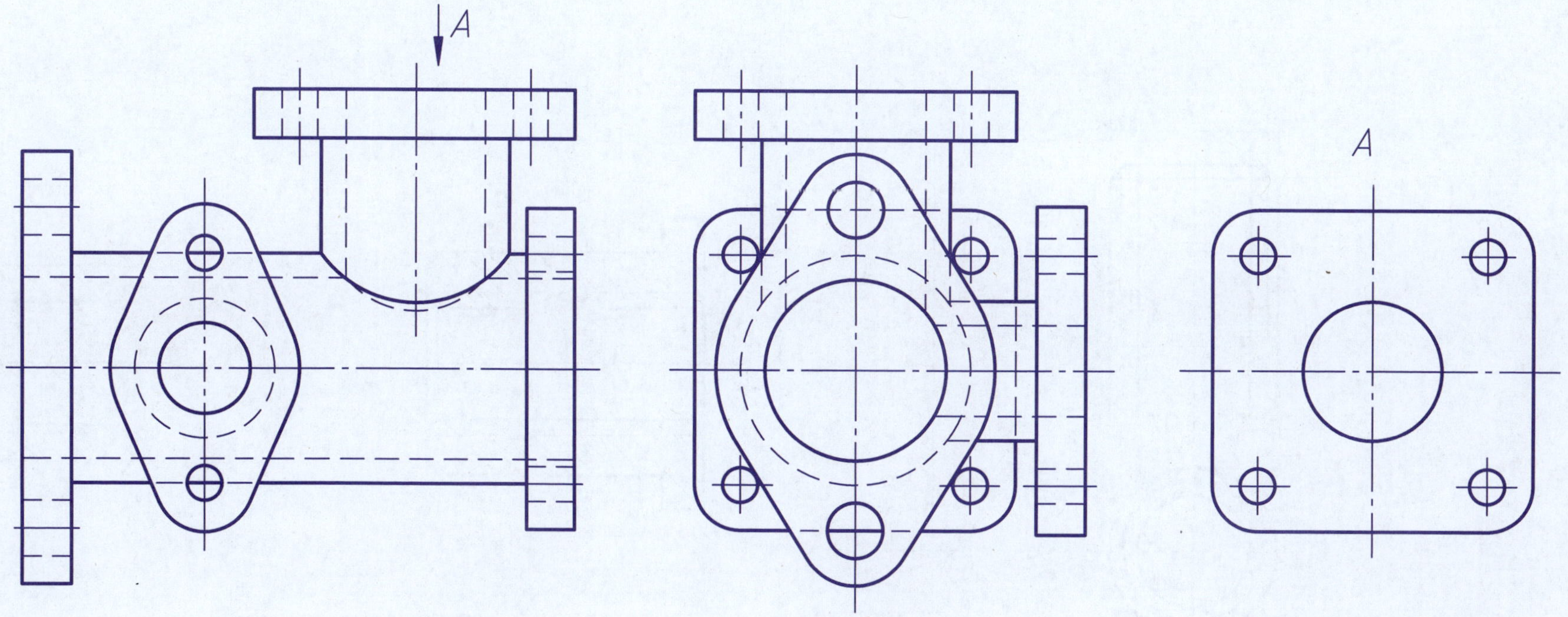

第5单元 机械零部件的表达方法

5-1-1 螺纹

练习 5-1 标准件与常用件

1. 已知下列螺纹代号,试识别其意义并填表。

螺纹代号	螺纹种类	大径	螺距	导程	线数	旋向	公差代号（中径）	旋合长度（种类）
M20-5g6g-s								
M20X1LH-6H								
Tr50X24(P8)								
G 3/8								

2. 根据给定的螺纹要素,标注螺纹的尺寸。

(1) 普通螺纹,大径30,螺距1.5,单线,右旋,中径及大径公差代号6g,短旋合长度。

(2) 非螺纹密封的管螺纹,尺寸代号3/4。

(3) 梯形螺纹,大径20,导程8,双线,右旋。

(4) 用螺纹密封的管螺纹,尺寸代号1/2。

3. 将图中错处圈出,将正确的画在右边(包括尺寸)。
   (1) M16
   (2) M24×1.5

5-1-1 螺纹(续) 　　班级 　　姓名 　　审阅 　57

4. 画出下列螺纹孔的两视图。

(1) M20。孔为通孔,螺纹攻到底,主、俯视图都全剖。

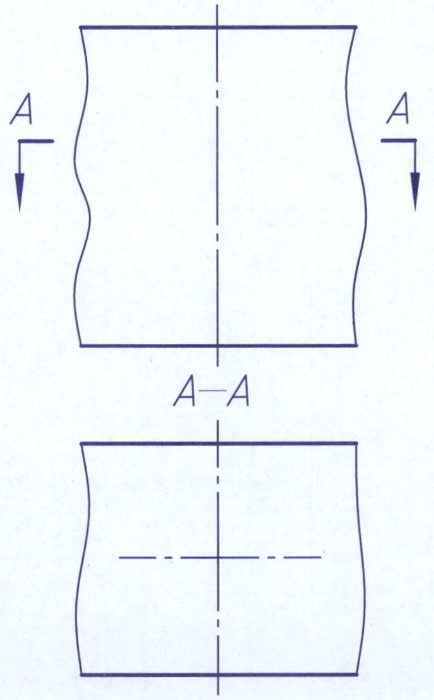

(2) M20。孔为通孔,螺纹攻到30,主视图全剖。

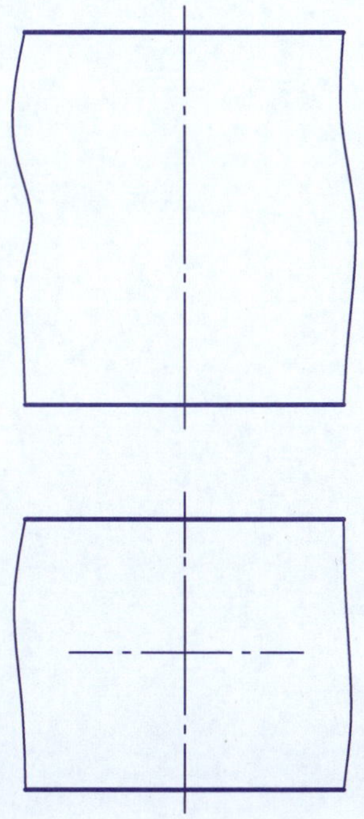

(3) M12×1.5。螺纹盲孔,深18,钻孔深24,主视图全剖。

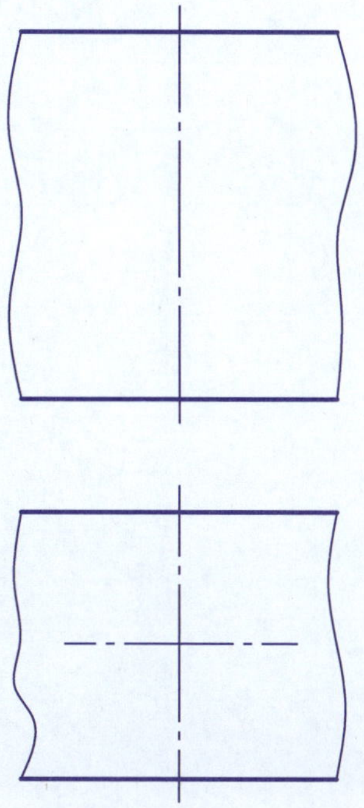

5. 将下列两图的错处圈出,并将正确的画在下面。

(1)　　　　　　　　　　(2)

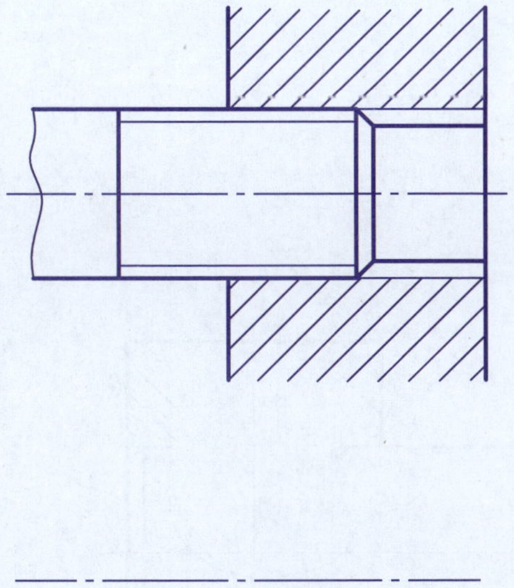

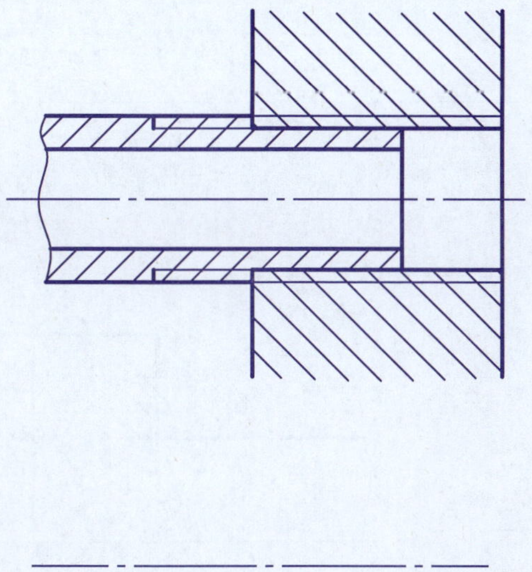

6. 将下图的错处圈出,并将正确的画在右面。

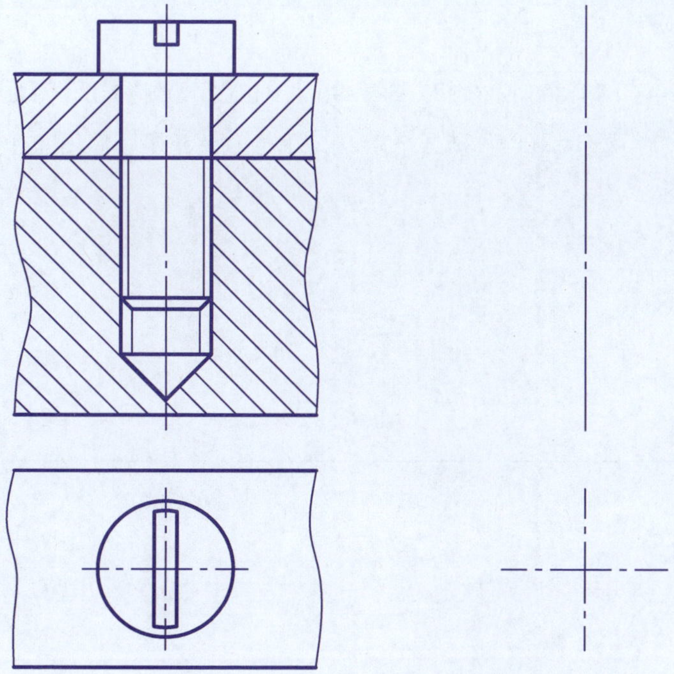

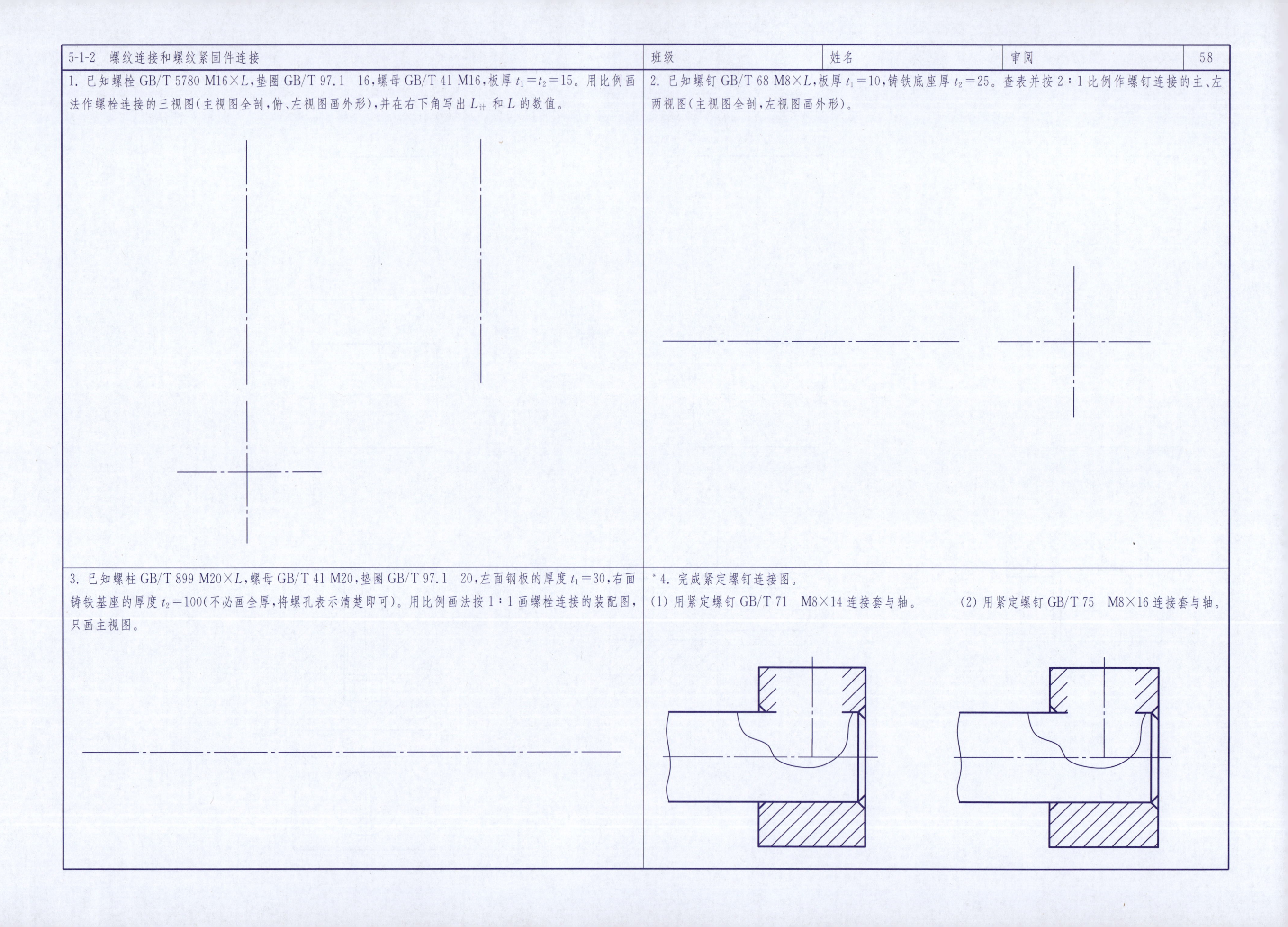

| 5-1-2 螺纹连接和螺纹紧固件连接 | 班级 | 姓名 | 审阅 | 58 |

1. 已知螺栓 GB/T 5780 M16×L，垫圈 GB/T 97.1 16，螺母 GB/T 41 M16，板厚 $t_1=t_2=15$。用比例画法作螺栓连接的三视图（主视图全剖，俯、左视图画外形），并在右下角写出 $L_{计}$ 和 L 的数值。

2. 已知螺钉 GB/T 68 M8×L，板厚 $t_1=10$，铸铁底座厚 $t_2=25$。查表并按 2∶1 比例作螺钉连接的主、左两视图（主视图全剖，左视图画外形）。

3. 已知螺柱 GB/T 899 M20×L，螺母 GB/T 41 M20，垫圈 GB/T 97.1 20，左面钢板的厚度 $t_1=30$，右面铸铁基座的厚度 $t_2=100$（不必画全厚，将螺孔表示清楚即可）。用比例画法按 1∶1 画螺柱连接的装配图，只画主视图。

*4. 完成紧定螺钉连接图。
(1) 用紧定螺钉 GB/T 71 M8×14 连接套与轴。　　(2) 用紧定螺钉 GB/T 75 M8×16 连接套与轴。

| 5-1-3 齿轮、键、销 | 班级　　　姓名　　　审阅 | 59 |

1. 轴上 $\phi 20$ 段开有 GB/T 1096—2003 型普通平键用键槽，$L=18$。补画图中键槽，画出 $A—A$ 断面图，并在其上标注键槽尺寸。

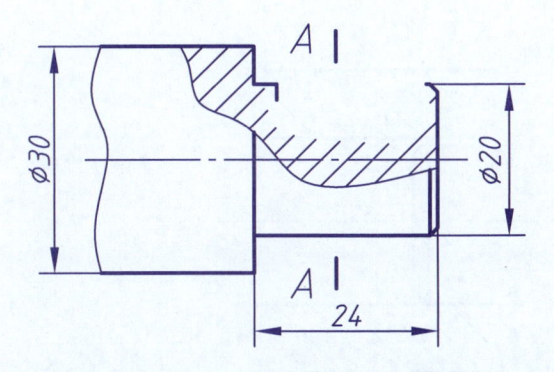

2. 已知直齿轮模数 $m=2$，齿数 20，轮体厚 25，轴孔直径 $D=20$，轮上有普通平键（GB/T 1096—2003）用键槽，画该齿轮的主视图（全剖）、左视图（外形），并标注尺寸。

3. 将题 2 的齿轮装到题 1 的轴上（齿轮左端面与轴肩靠紧），并用 GT/B 1096—2003 型普通平键连接，画出其装配图。

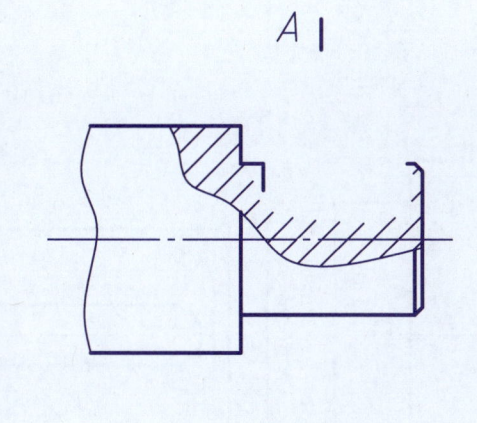

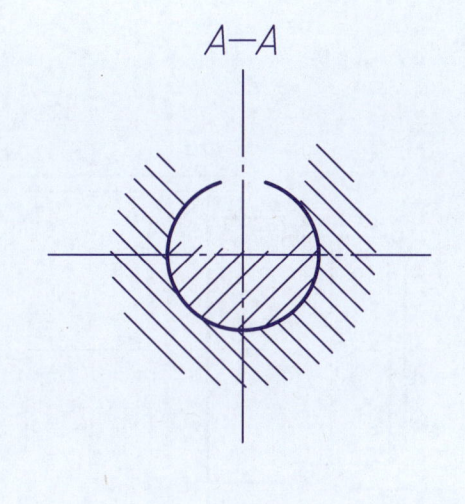

| 5-1-3 齿轮、键、销(续) | 班级 | 姓名 | 审阅 | 60 |

4. 已知大齿轮的齿数 $Z_2=23$,两齿轮的模数 $m=5$,中心距 $a=100$,大齿轮结构如图示,小齿轮为平板齿轮,轮厚 24,孔径 18,无键槽。试计算大、小两齿轮的主要尺寸并填在右方。按 1:2 完成两个圆柱直齿轮的啮合图。

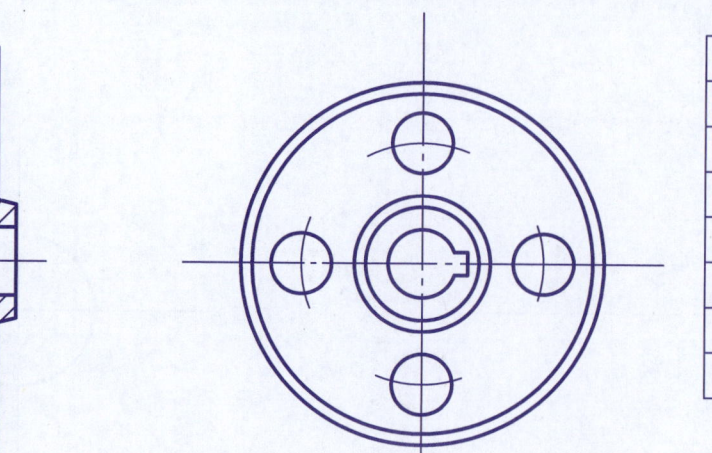

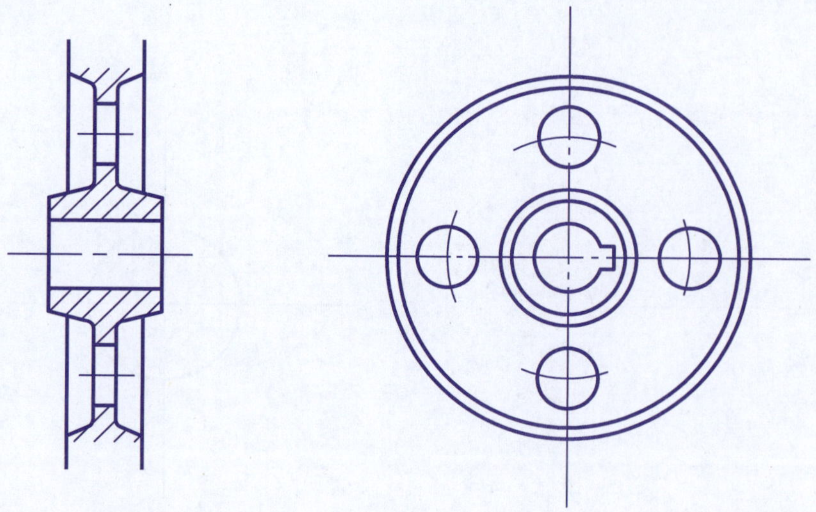

代号	尺寸值
d_1	
Z_1	
d_2	
d_{a1}	
d_{f1}	
d_{a2}	
d_{f2}	

5. 完成轴与套筒用圆柱销 GB/T 119.1 8×40 连接后的装配图。

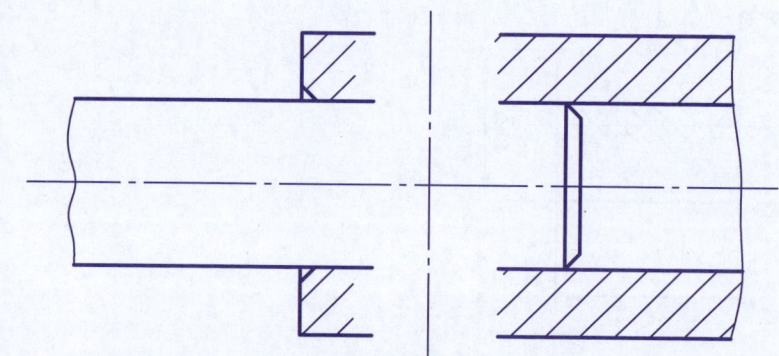

*6. 用规定画法、1:1比例,在齿轮轴的 $\phi30m6$ 轴径处画 6206 深沟球轴承一对(轴承端面要靠紧轴肩)。

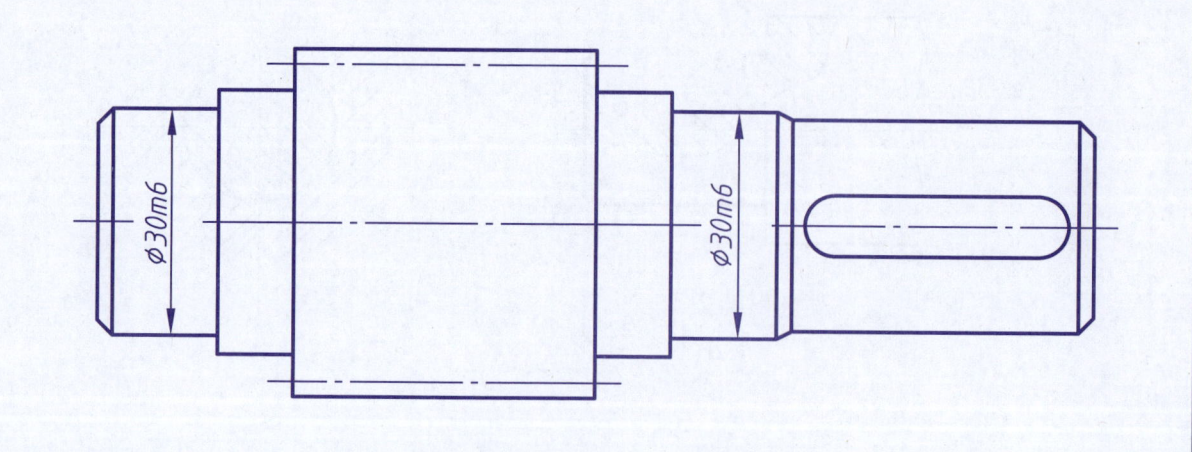

*7. 已知圆柱螺旋压缩弹簧的簧丝直径 $d=6$,弹簧外径 $D_2=40$,节距 $t=10$,有效圈数 $n=7$,支承圈 $n_2=2.5$,右旋。用 1:1 比例画出弹簧的主视图(轴线水平放置,全剖),并标注尺寸,在图的右下方注明旋向以及 n,n_1 的值。

5-2-1 根据轴测图画零件图

画零件图作业指示书（题目见第62、63、64页）

(1) 作业目的

学习零件草图和工作图的绘制方法和步骤；学习零件图的视图选择、尺寸标注和表面结构的标注方法。

(2) 作业内容

① 在第62、63、64页中轴测图所示3个零件中选择2或3个，在适当幅面的方格纸上徒手画成零件草图。

② 在所绘草图中选1或2个，用1∶1比例，在合适幅面的图纸上绘制零件工作图。

(3) 作业要求

① 零件必须表达完全、清晰、正确。

② 尺寸标注要完全、正确、清晰、基本合理；表面结构标注正确。

③ 草图必须内容齐全，线型分明，线条、字体工整。

(4) 对作业的指示

① 画零件草图前必须先认真分析零件形体结构及其功用；选择视图方案时需要思考几个方案，在比较中择优。

② 绘制草图时一定要练习徒手目测画图（特别要注意零件各部分的比例关系是否正确）；标注尺寸时应遵守如下顺序：先确定尺寸分布，画出尺寸线和尺寸界线，再测量零件上有关尺寸或按轴测图所示有关尺寸数值，填写在图上。

③ 画工作图时对草图的视图方案可作调整、优化。

④ 画工作图时要注意分形体按投影关系"几个视图有联系地同时绘制"，以保证作图质量和提高作图效率。

⑤ 画零件图时要注意零件上的"工程结构"，如铸造圆角、过渡线、倒角等均应画出，以区别于组合体。铸造圆角的大小不需在图中标注，而在技术条件中作统一说明（参见第65页零件图中的技术要求）。

⑥ 特别提示：第62、63、64页上给出的零件轴测图中标注了尺寸及表面结构，目的是为读者练习绘制零件图提供方便，但这些轴测图中表面结构的表示方式（用表格）是非规范的。读者在绘制零件图时，应按着国标零件图技术要求中关于表面结构标注的规范进行标注。参见第65页零件图中的相关内容。

读零件图的思考题（题目见第65、66页）

(1) 喷雾器外壳（见第65页）

① 在不增加视图的情况下主视图能否取半剖视？$A—A$剖视采取的是什么类型的剖视图？$B—B$图是剖视图还是断面图？俯视图的作用何在？

② 在高度方向上尺寸的主要基准是哪个面？前后方向上的主要尺寸基准又在哪里？

③ 主视图上"G 3/8"表示什么螺纹？"3/8"是指何处的尺寸？该螺纹的大径是多少？"M14×5—7H"是什么螺纹？"7H"的含义如何？

④ 图中要求最高表面的结构参数数值为多少？要求最低表面的结构符号是什么？用去除材料的方法获得的最低表面的结构符号是什么？

⑤ 哪个表面有几何公差的要求？要求的内容是什么？基准是什么？

⑥ 画出主视图的外形图或画出该零件的正等轴测外形图（可徒手加深）。

(2) 阀体（见第66页）

① 左视图是什么类型的剖视图？剖切平面位置在什么地方？$C—C$图和$F—F$图分别是剖视图还是断面图？俯视图和$C—C$图的作用是什么？

② 主视图右边$\phi 26$左上方3条相交于一点的线（两条直线，一条曲线）分别由哪些形体相交而产生？

③ 在长、宽、高3个方向上，尺寸的主要基准是什么？

④ 图中要求最高的表面结构参数的数值是多少？要求最低的表面结构的符号是什么？

⑤ 主视图左端尺寸"M68×2—7h"表示的是什么螺纹？其中"68"、"2"、"7h"各表示什么含义？

⑥ 画出主、左视图的外形图。

1. 根据支座的轴测图绘制其零件图(名称:支座;材料:HT150)。

铸造圆角 R2~R3

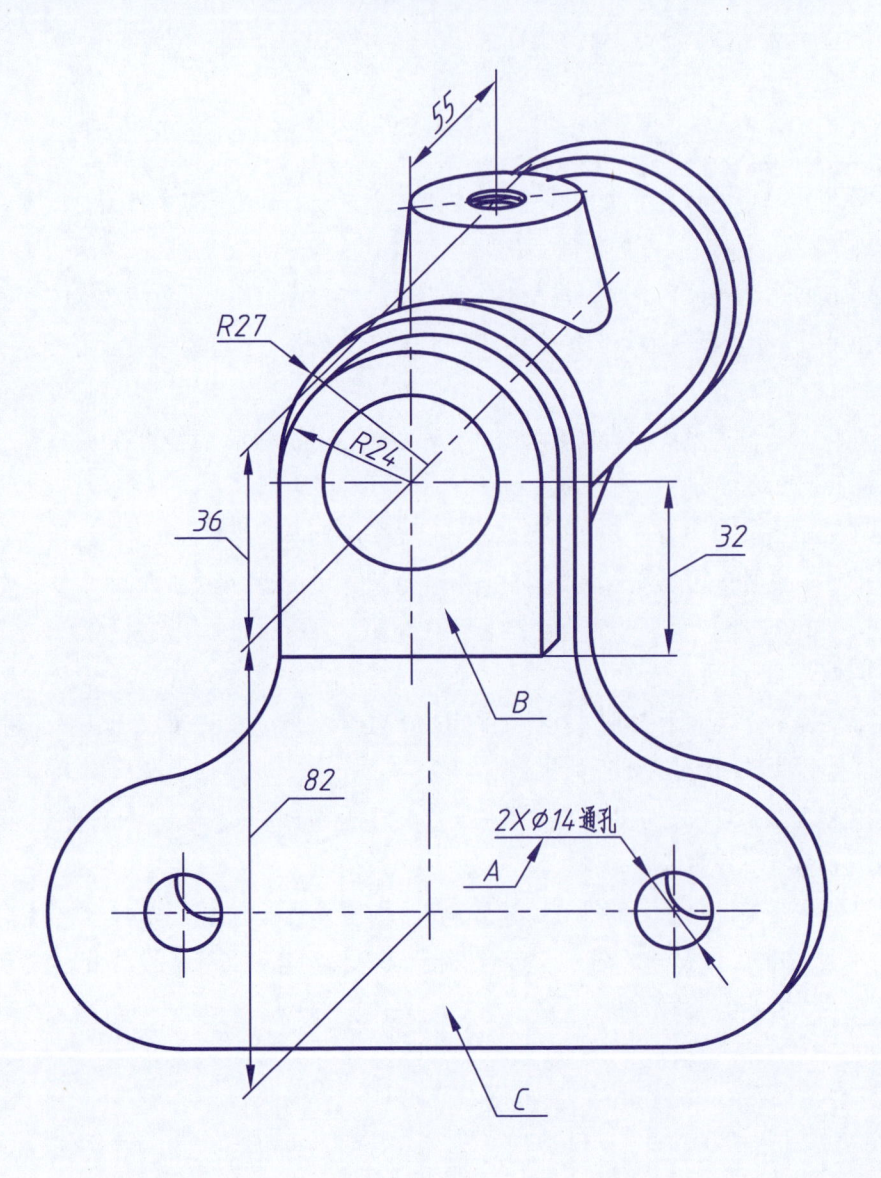

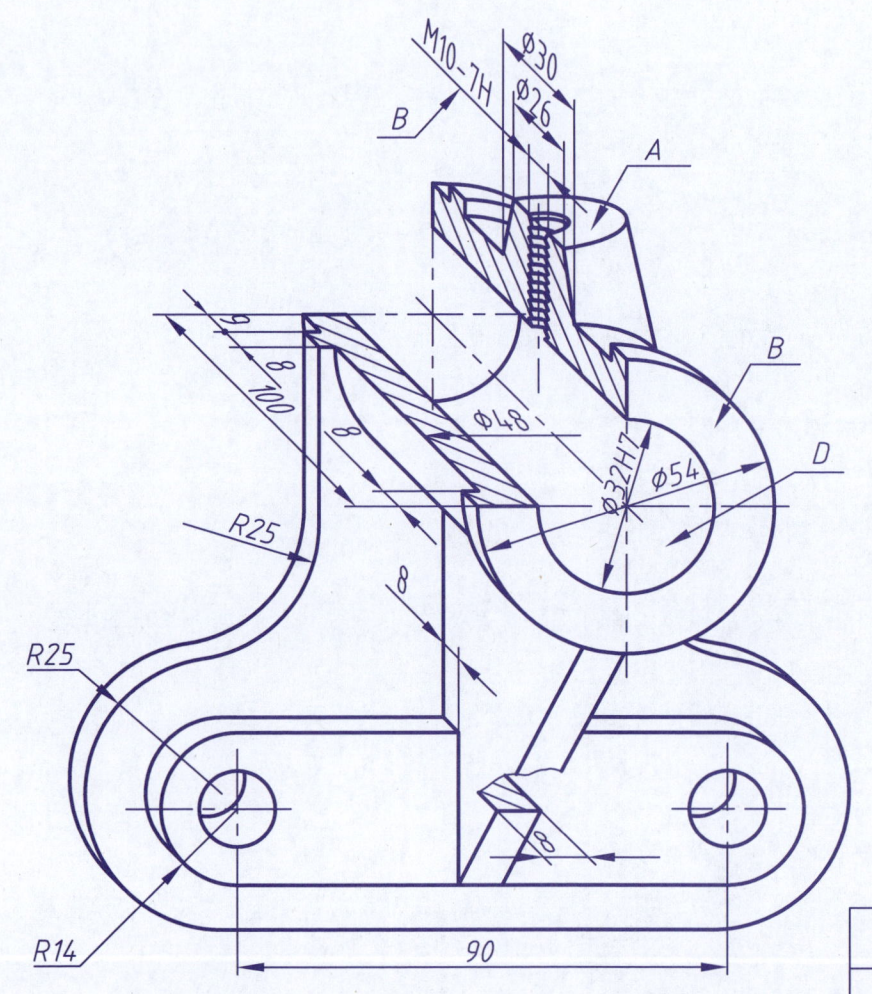

表面代号	Ra
A	12.5
B	6.3
C	3.2
D	1.6
其余	∇

5-2-1 根据轴测图画零件图(续) 班级 姓名 审阅 63

2. 根据砂轮头架的轴测图绘制其零件图(名称:砂轮头架;材料:HT200)。

表面代号	Ra
A	12.5
B	6.3
C	3.2
D	1.6
其余	∇

铸造圆角 R2~R3

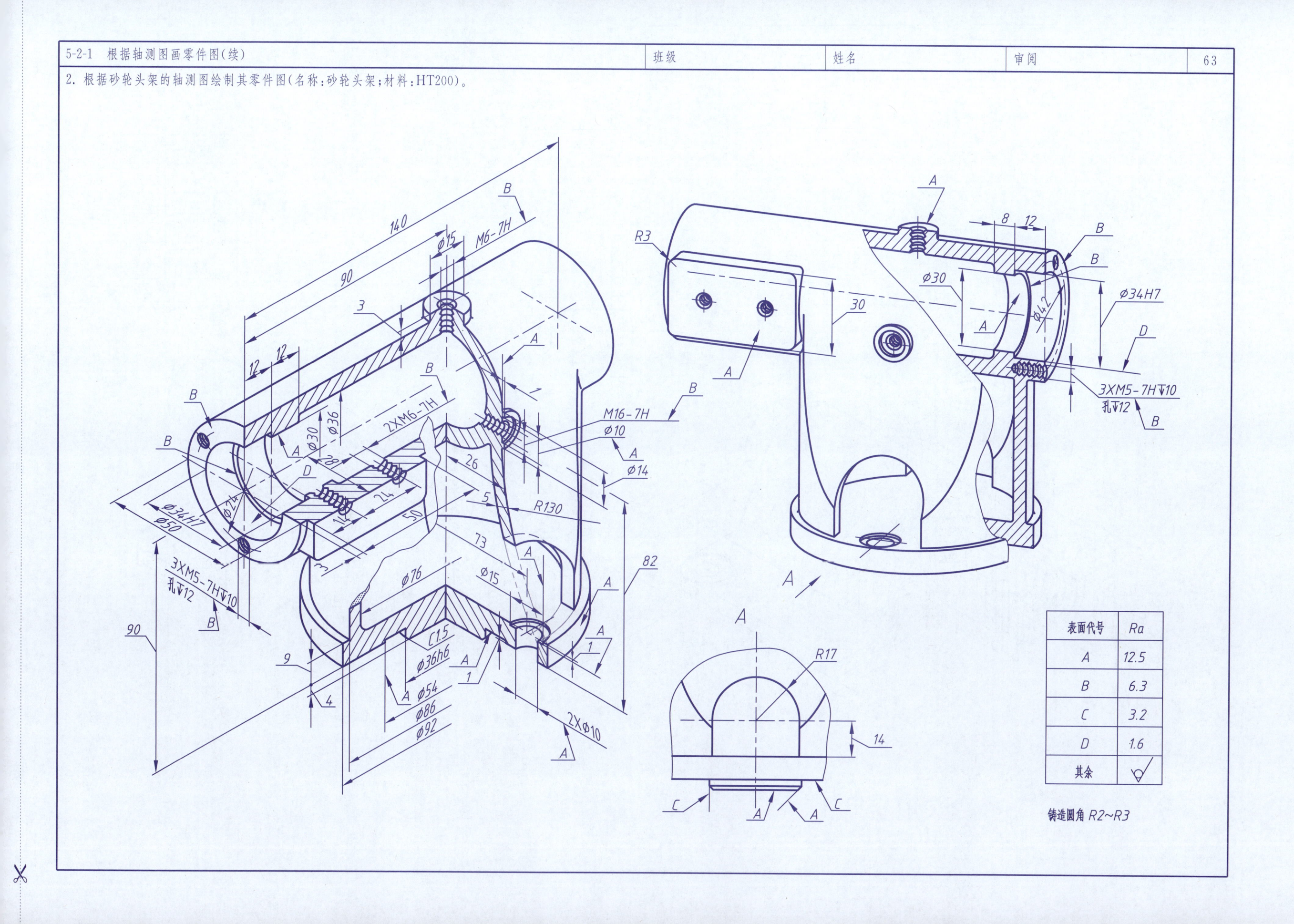

3. 根据变速箱盖的轴测图绘制其零件图(名称:变速箱盖;材料:HT150)。

表面代号	Ra
A	12.5
B	6.3
C	3.2
其余	∀

铸造圆角 R2~R3

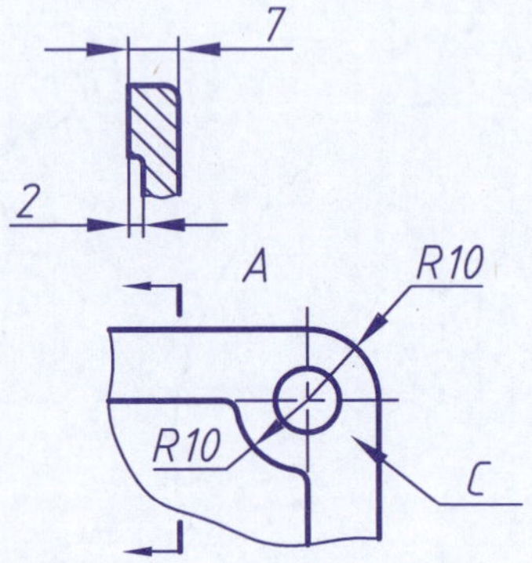

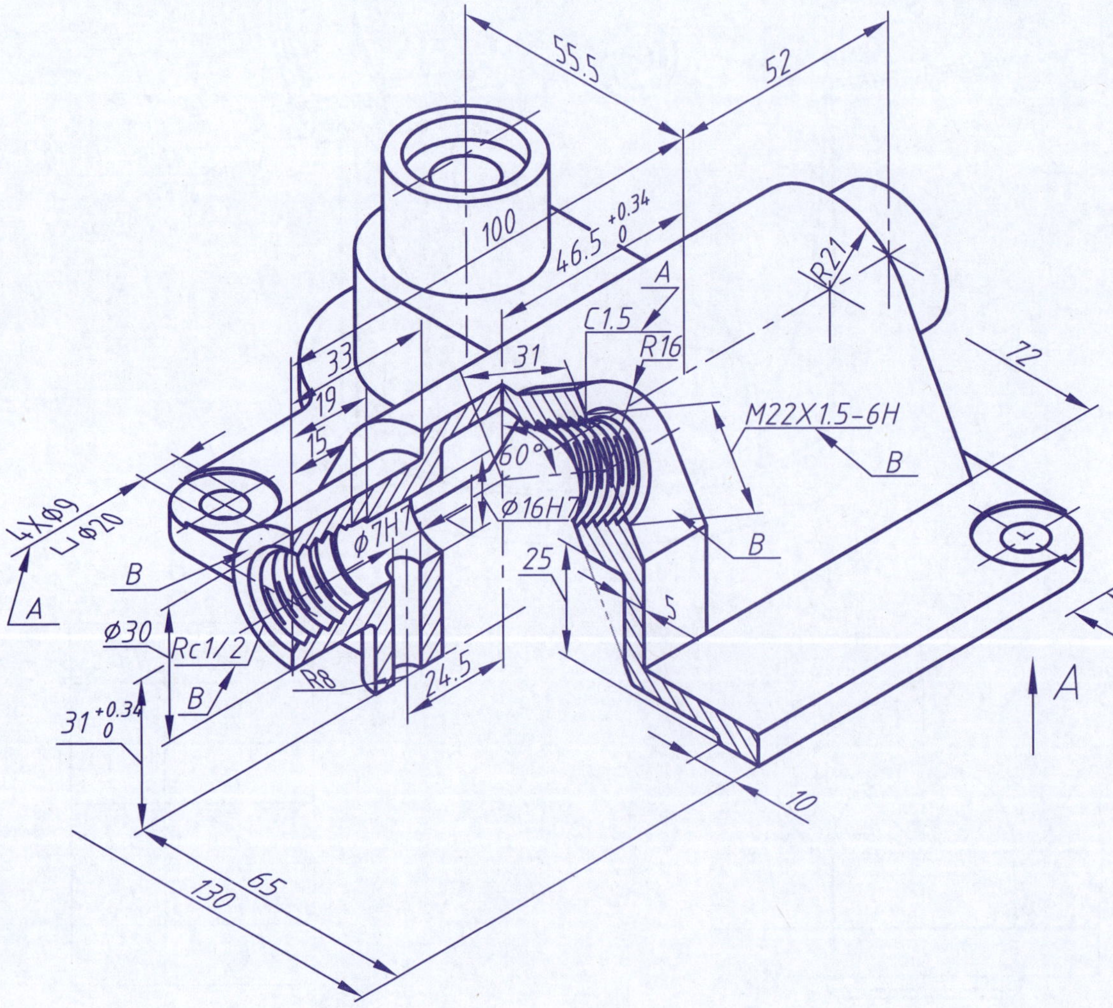

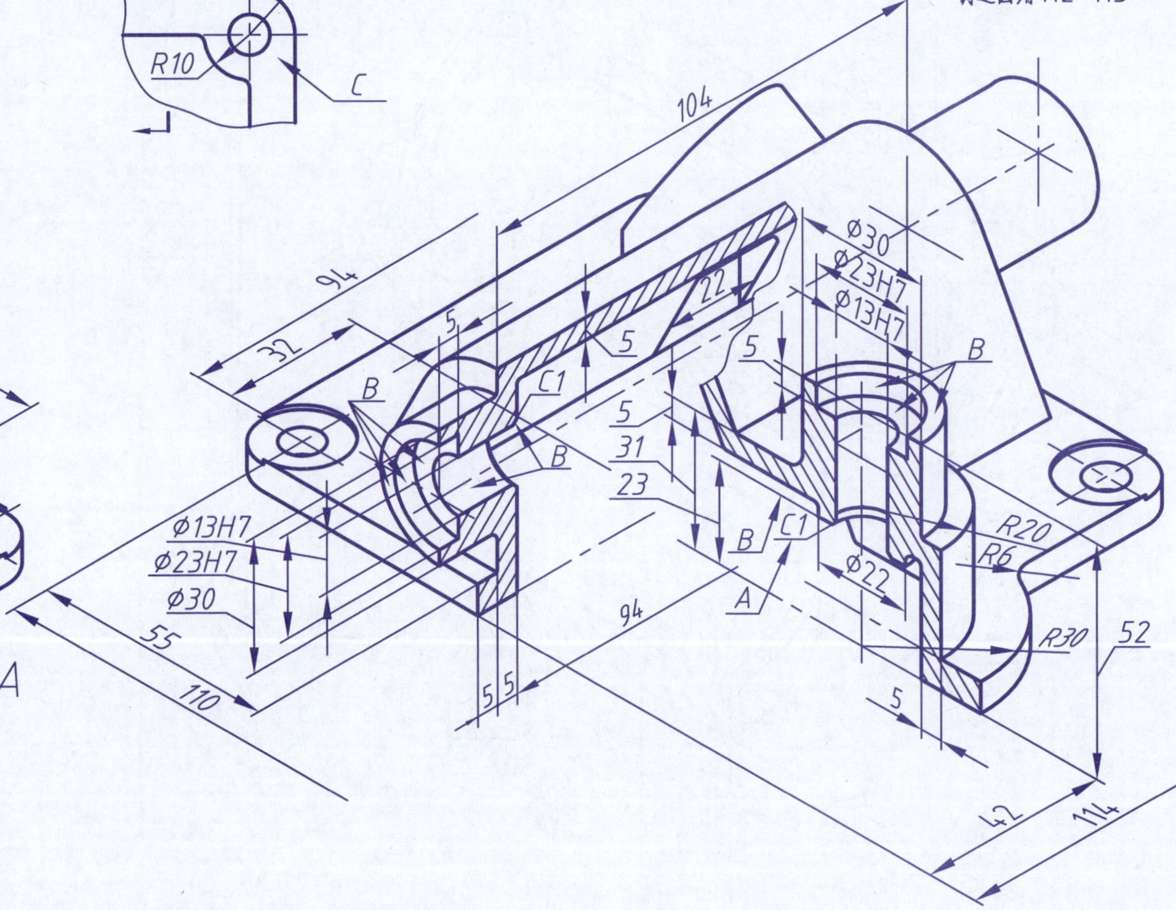

5-2-2 读零件图

1. 看懂零件的形状，并回答读图问题（见第61页）。

技术要求
1. 铸件不许有缩孔或砂眼
2. 铸造圆角 R2~R3

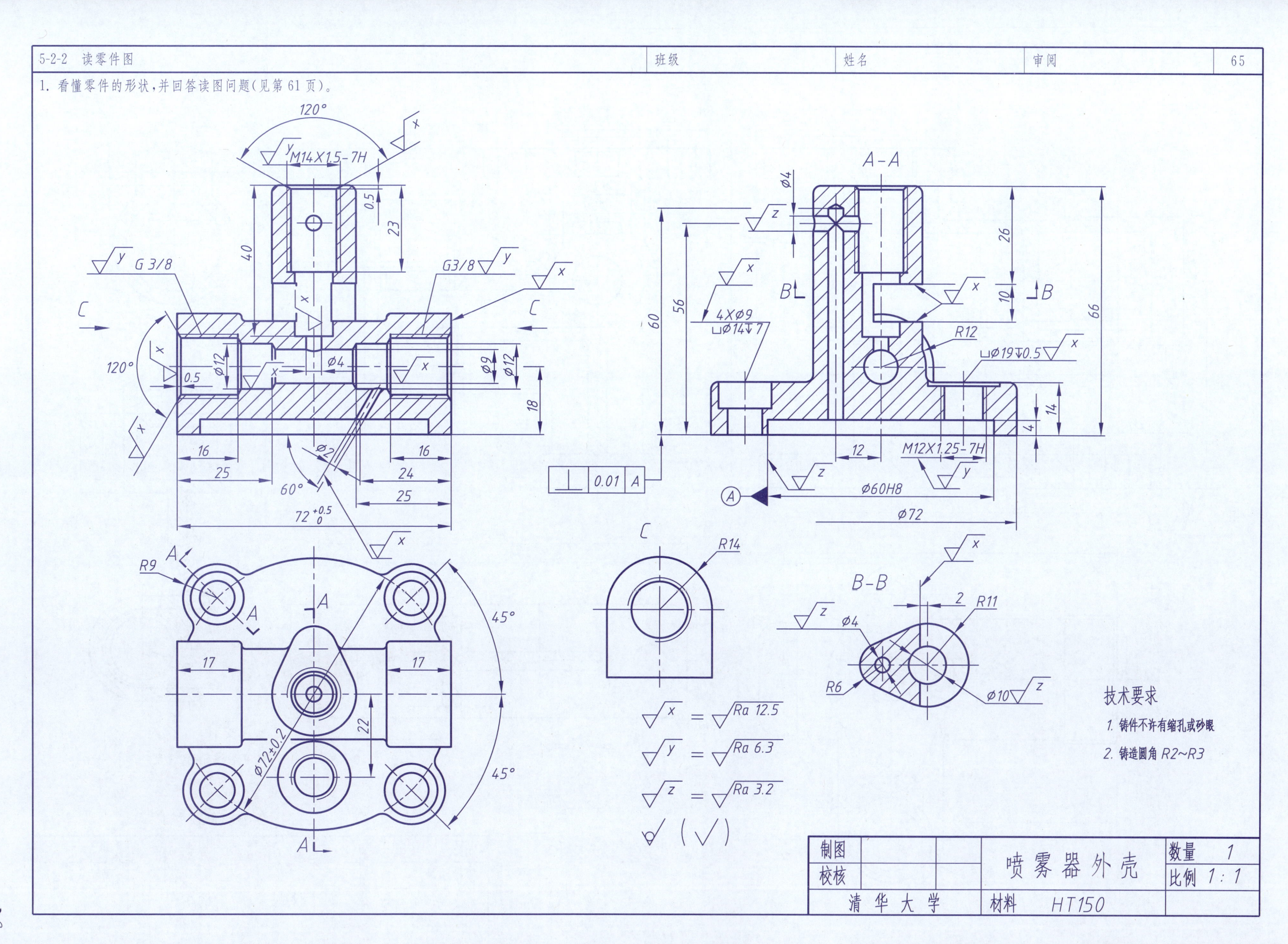

$\sqrt{x} = \sqrt{Ra\ 12.5}$

$\sqrt{y} = \sqrt{Ra\ 6.3}$

$\sqrt{z} = \sqrt{Ra\ 3.2}$

喷雾器外壳　　数量 1　比例 1:1　清华大学　材料 HT150

5-2-2 读零件图(续) 66

2. 看懂零件的形状，并回答读图问题（见第61页）。

技术要求
1. 铸件不许有缩孔或砂眼
2. 未注倒角 C2 √Ra 12.5
3. 铸造圆角 R2~R3

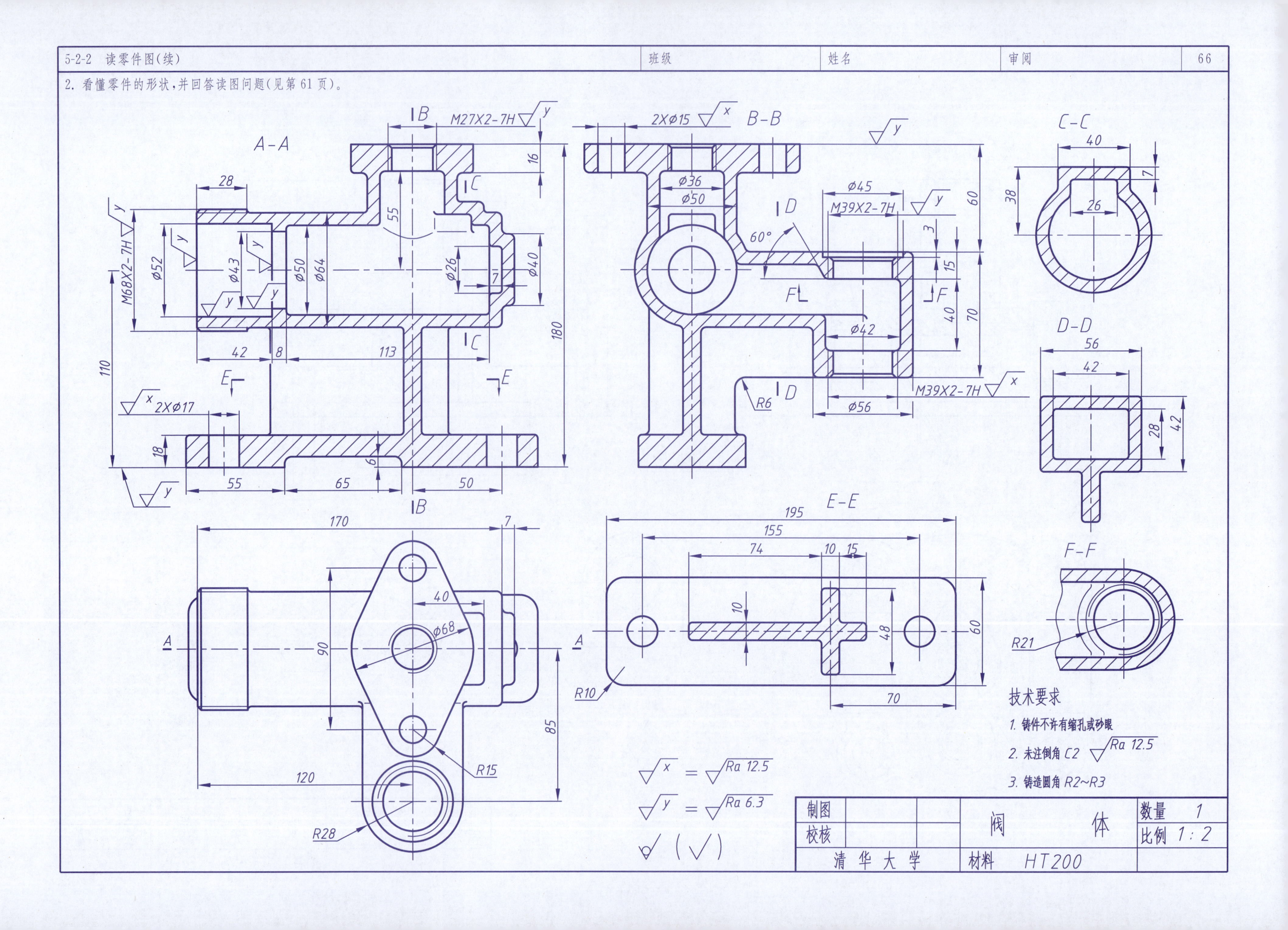

$\sqrt{}^x = \sqrt{Ra\ 12.5}$

$\sqrt{}^y = \sqrt{Ra\ 6.3}$

∜ (√)

制图		阀 体	数量	1
校核			比例	1:2
清华大学		材料	HT200	

| 5-2-3 零件的尺寸标注 | 班级 | 姓名 | 审阅 | 67 |

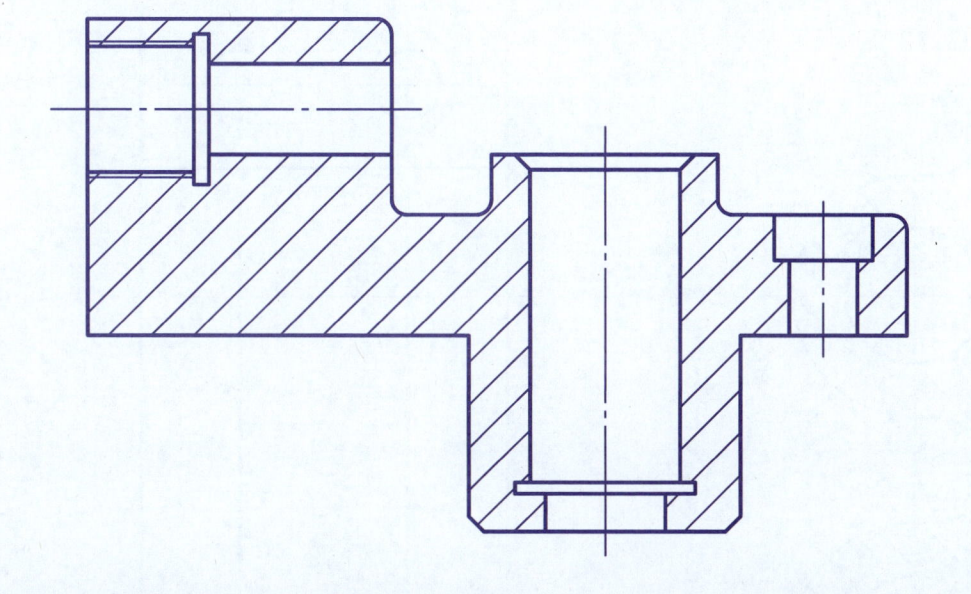

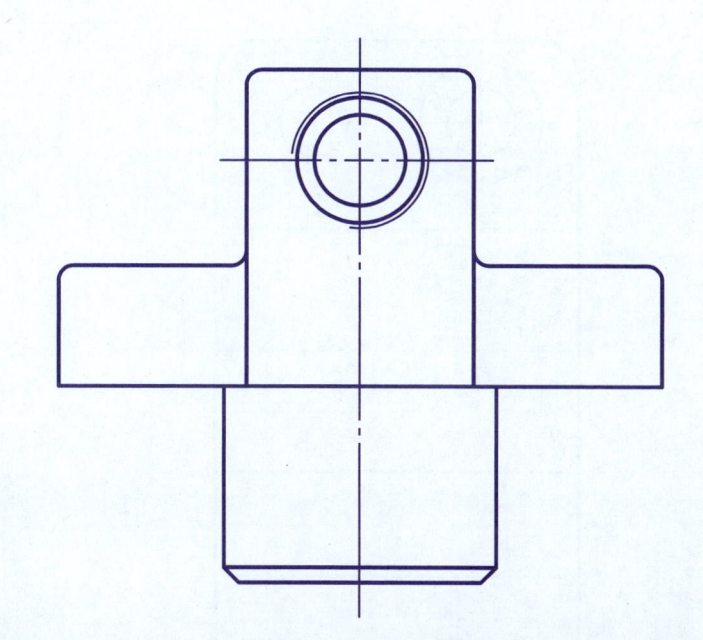

1. 标注盖的尺寸(数值由图上直接量取,俯视图中的两个小孔为通孔)。

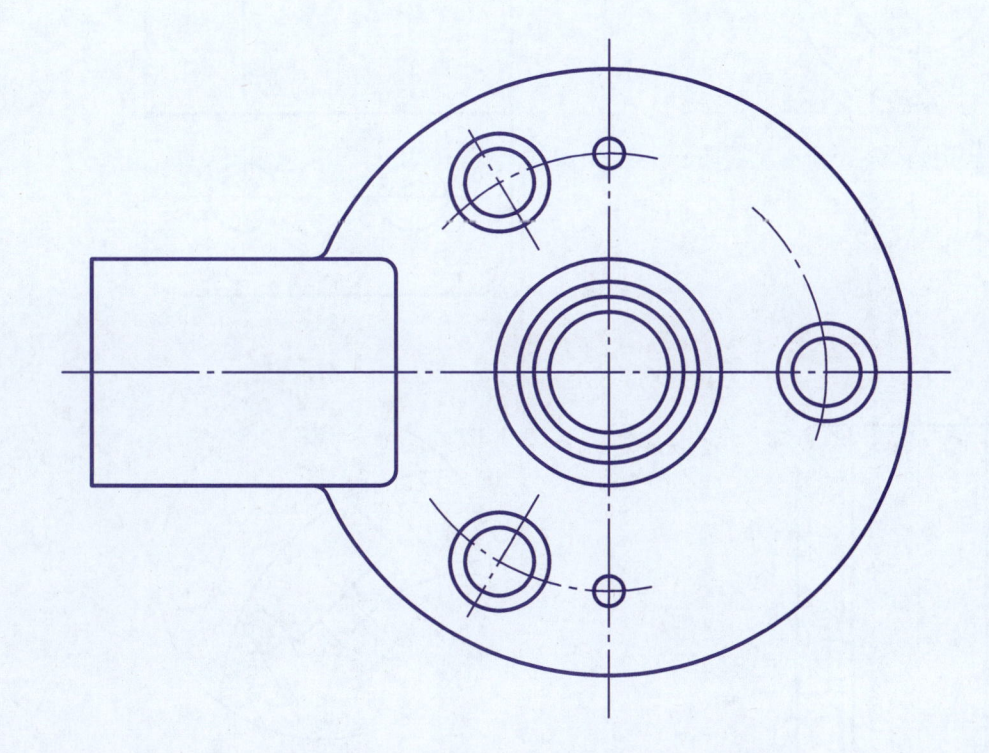

| 5-2-3 零件的尺寸标注(续) | 班级 | 姓名 | 审阅 | 68 |

2. 标注支座的尺寸(数值由图上直接量取)。

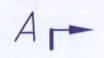

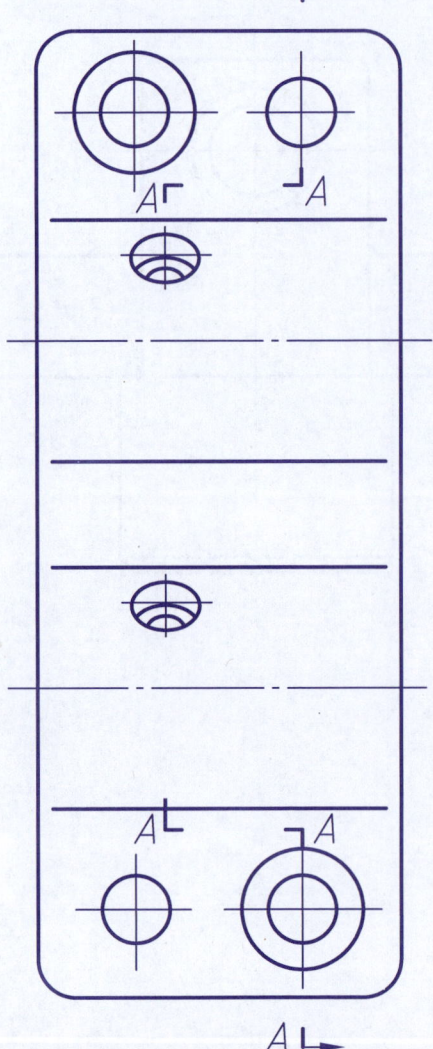

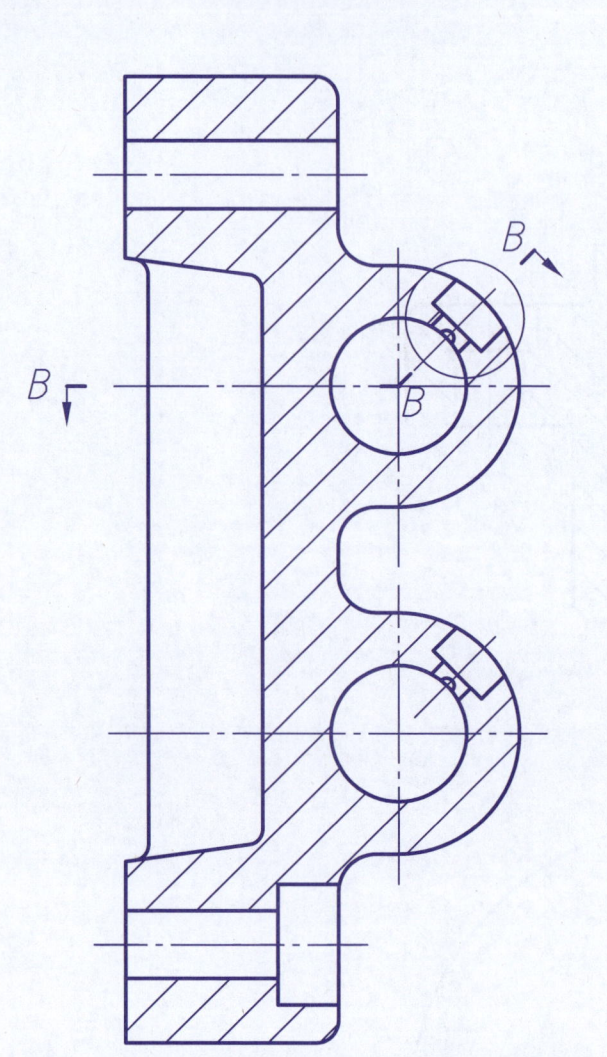

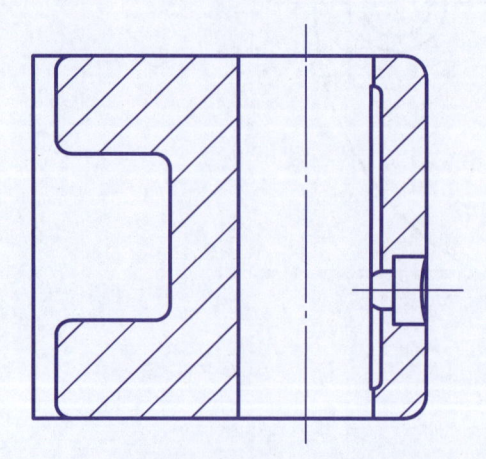

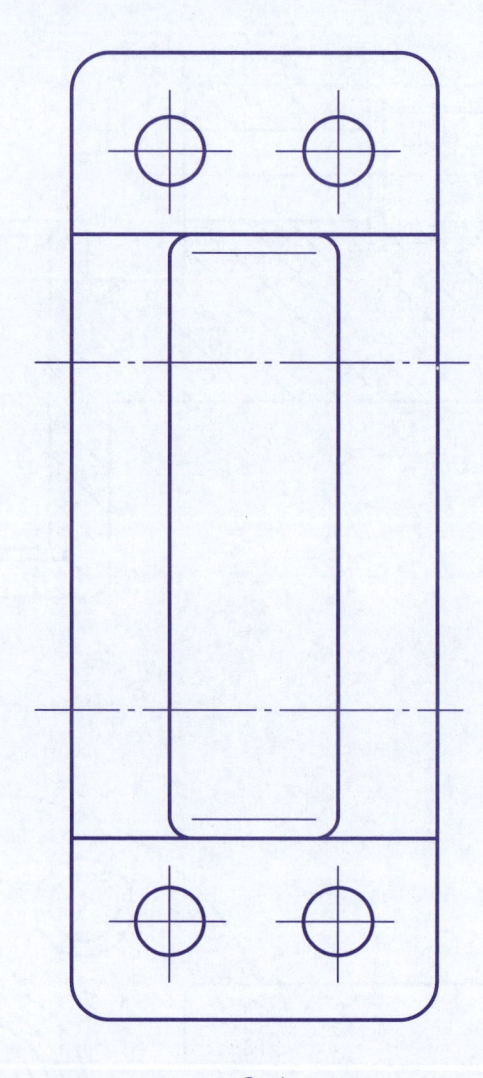

B—B

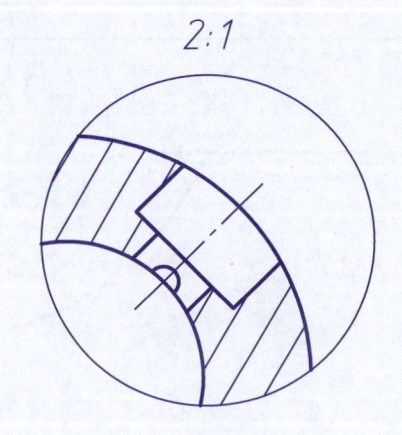

2:1

| 5-2-4 | 零件局部构形设计 | 班级 | 姓名 | 审阅 | 69 |

1. 根据已给视图画出:(1)俯视图(外形);(2)A—A剖视(肋板厚度可取壁厚的0.7~1倍);(3)B向局部视图;(4)补全左视图;(5)作三维造型(自定尺寸,注意各部分比例,保持结构形状准确)。

注意:俯视图采取省略画法;零件左半部外形可参照①处内腔确定;右端安装板②,形状结构自行确定,其上应有4个φ9供螺栓穿过的光孔;前后两凸起(B向视图)参考③处;其余未确定形体自定。

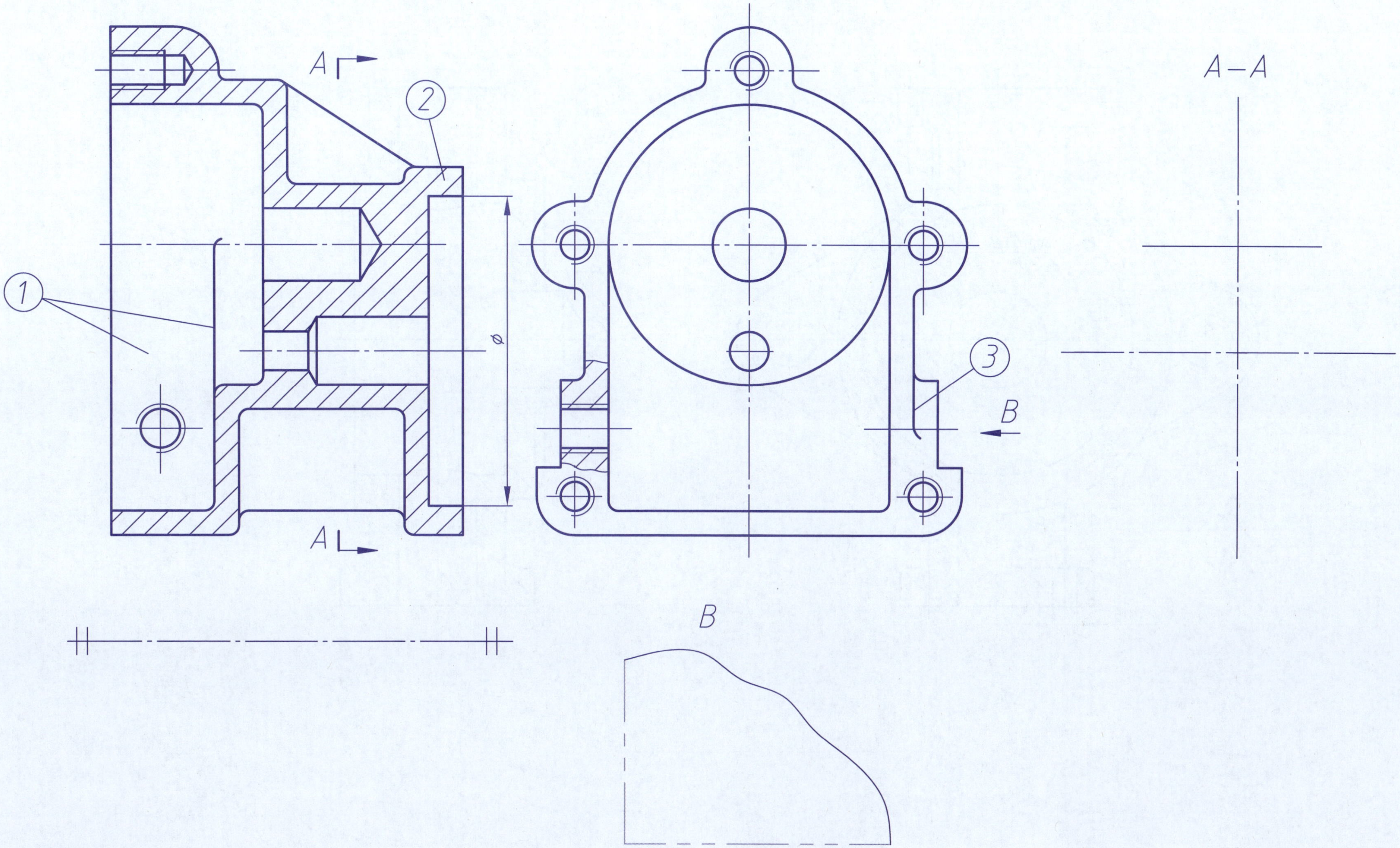

| 5-2-4 零件局部构形设计(续) | 班级 | 姓名 | 审阅 | 70 |

*2. 根据已给视图研究确定泵体的形状,并补充视图,完整、清楚、正确地表达泵体(左、右两边带圆弧头的板为安装板,上下两块板为连接板。构形时注意螺纹紧固件的装配空间。安装板厚度可取壁厚的1.5～2倍)。

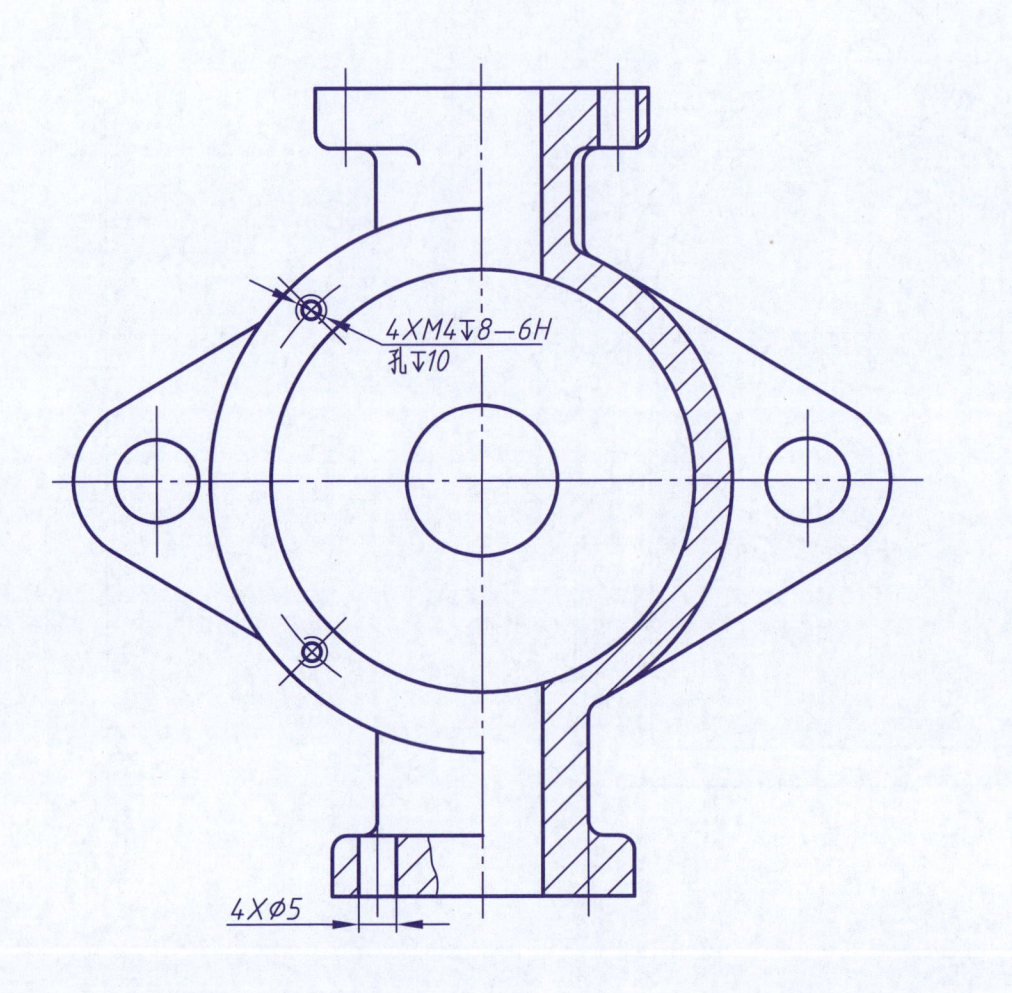

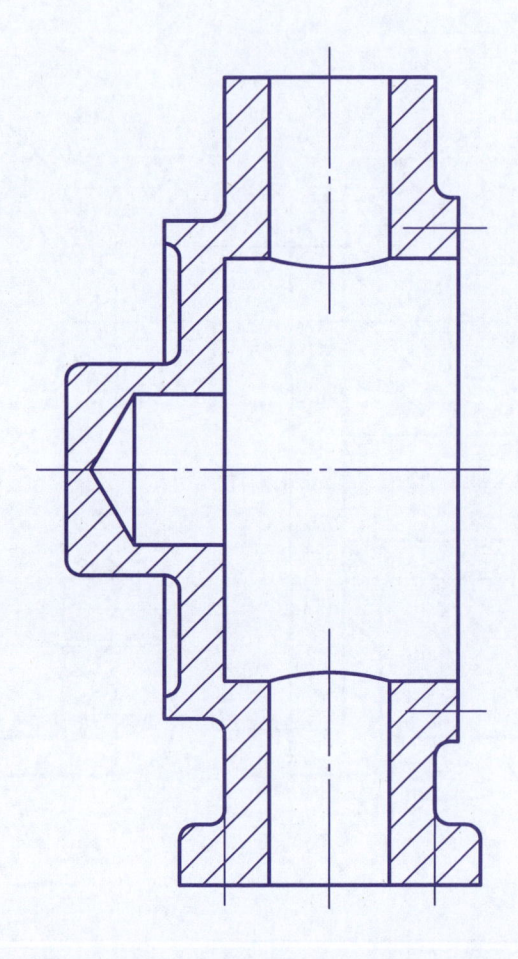

5-2-5 零件的技术要求——尺寸公差与配合

1. 根据装配图中的配合代号填写出基准制种类、公差带代号及配合种类;并在零件图中注出尺寸和偏差数值;在下面空白处画出公差带示意图。

尺寸 $\phi 40 \dfrac{H7}{n6}$:基_____制;公差带代号:孔_____,轴_____;_____配合。

尺寸 $\phi 25 \dfrac{H8}{f8}$:基_____制;公差带代号:孔_____,轴_____;_____配合。

2. 根据装配图中的配合代号填写出基准制种类、公差带代号及配合种类;并在零件图中注出尺寸和偏差数值;在下面空白处画出公差带示意图。

尺寸 $\phi 32 \dfrac{H7}{k6}$:基_____制;公差带代号:孔_____,轴_____;_____配合。

3. 根据装配图中的配合代号填写出基准制种类、公差带代号及配合种类;并在零件图中注出尺寸和偏差数值;在下面空白处画出公差带示意图。

尺寸 $\phi 20 \dfrac{H9}{f9}$:基_____制;公差带代号:孔_____,轴_____;_____配合。

4. 根据装配图中的配合代号填写出基准制种类、公差带代号及配合种类;并在零件图中注出尺寸和偏差数值;在下面空白处画出公差带示意图。

尺寸 $\phi 25 \dfrac{R7}{h6}$:基_____制;公差带代号:孔_____,轴_____;_____配合。

尺寸 $\phi 25 \dfrac{H7}{h6}$:基_____制;公差带代号:孔_____,轴_____;_____配合。

| 5-2-6 零件的技术要求——几何公差 | 班级 | 姓名 | 审阅 | 72 |

1. 将题中用文字所注的几何公差以符号和代号的形式标注在图中。

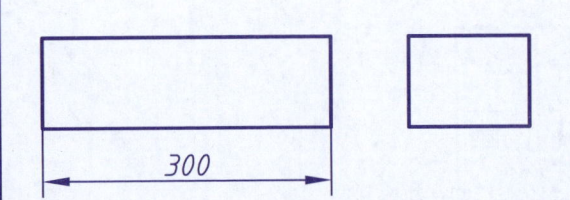

顶面的平面度公差 0.03

2. 将题中用文字所注的几何公差以符号和代号的形式标注在图中。

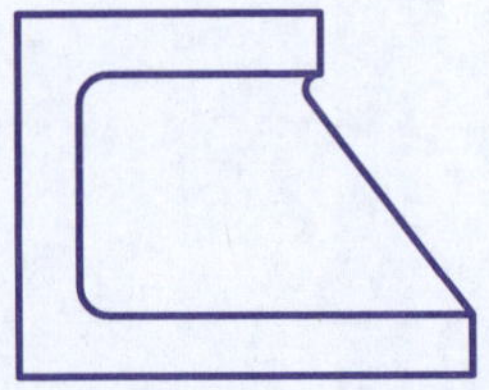

顶面对底面的平行度公差 0.02

3. 将题中用文字所注的几何公差以符号和代号的形式标注在图中。

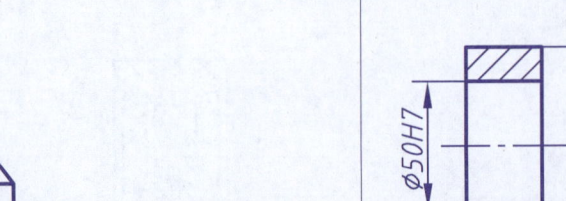

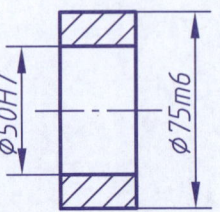

ϕ50H7 轴线对右端面的垂直度公差 0.04

4. 将题中用文字所注的几何公差以符号和代号的形式标注在图中。

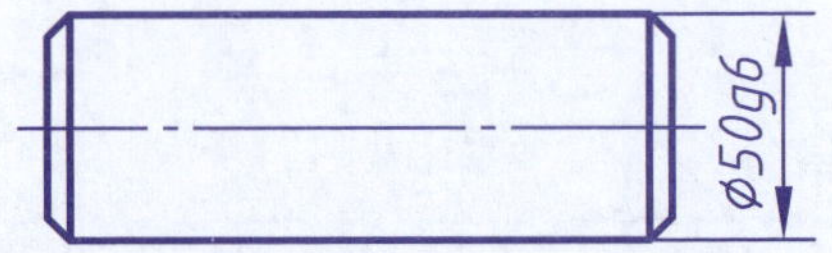

ϕ50g6 的圆柱度公差 0.01

5. 将题中用文字所注的几何公差以符号和代号的形式标注在图中。

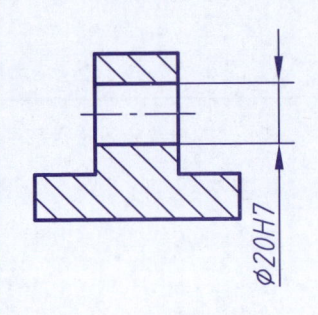

ϕ20H7 轴线对底面的平行度公差 0.02

6. 将题中用文字所注的几何公差以符号和代号的形式标注在图中。

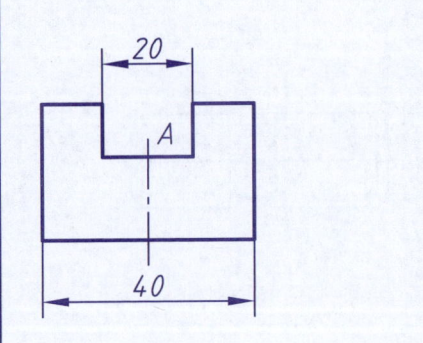

槽 A 对距离 40 的两平面的对称度公差 0.06

7. 将题中用文字所注的几何公差以符号和代号的形式标注在图中。

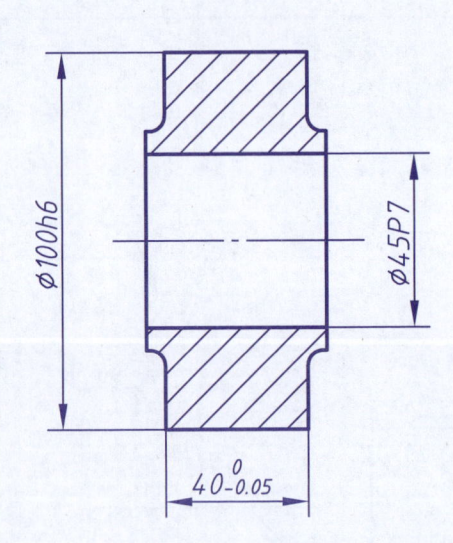

ϕ100h6 对 ϕ45P7 轴线的圆跳动公差 0.015
ϕ100h6 的圆度公差 0.04

8. 将题中用文字所注的几何公差以符号和代号的形式标注在图中。

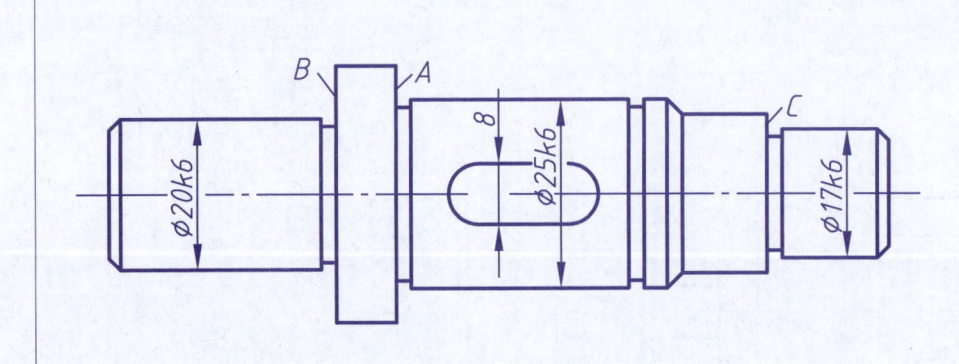

ϕ25k6 对 ϕ20k6 和 ϕ17k6 的同轴度公差 0.025
端面 A 对 ϕ25k6 轴线的圆跳动公差 0.04
端面 B、C 对 ϕ20k6 和 ϕ17k6 轴线的圆跳动公差 0.04
键槽对 ϕ25k6 轴线的对称度公差 0.01

拼画装配图作业指示书

(1) 作业目的

熟悉装配图的内容,学习装配图的视图选择、尺寸标注以及画装配图的方法与步骤;学习用计算机绘制装配图。

(2) 作业内容和要求

此部分给出了拼画手压阀、转子泵和减速箱装配图等3个题目,可视学时情况选画其中两题。或是拼画手压阀、减速箱,或是拼画转子泵、减速箱。在学时紧的情况下,减速箱也可只画两根轴系装配图(即沿箱盖箱体结合面剖切后的俯视图)。两张装配图之一用尺规在方格纸上或绘图纸上画成工作图,另一张用计算机绘图软件绘成工作图。

在装配图上,要求把装配体的功用、工作原理、各零件间的装配关系以及对外的安装关系表达完全、清晰、正确;注出常见的4种尺寸;编号、明细表等格式和书写应符合规定。

(3) 对作业的指示

① 画图前必须认真阅读给出的轴测图或装配示意图、工作原理说明及每张零件图,搞清该装配体的功用、工作原理、各零件的装配关系和对外安装关系等。

② 装配图的比例、图幅大小自定。布图时一定要留出标题栏、明细表、编号以及标注尺寸的位置,以免返工。

③ 画底稿的一般顺序是先主(主装配线)后次(次装配线),先内后外,先定位后定形,先粗后细。装配体按习惯的状态画,例如手压阀画阀门关闭的状态,转子泵画叶片甩出的状态。对于可调节的零件,画时应留出可调节的间隙,如手压阀和转子泵上的填料应有继续压紧的可能。

④ 装配图上相邻零件的剖面线方向或间隔应该有区别,同一零件在不同视图上剖面线的方向和间隔应一致,这点初学者往往容易出错。

⑤ 编号时,先画出各零件的指引线,待检查确认无遗漏或重复后,再顺序写件号数字。

⑥ 图中的字体规格:尺寸数字为3.5号,件号数字为5号或7号,标题栏、明细表中字体为5号,装配体的名称为10号字。

手压阀轴测装配图

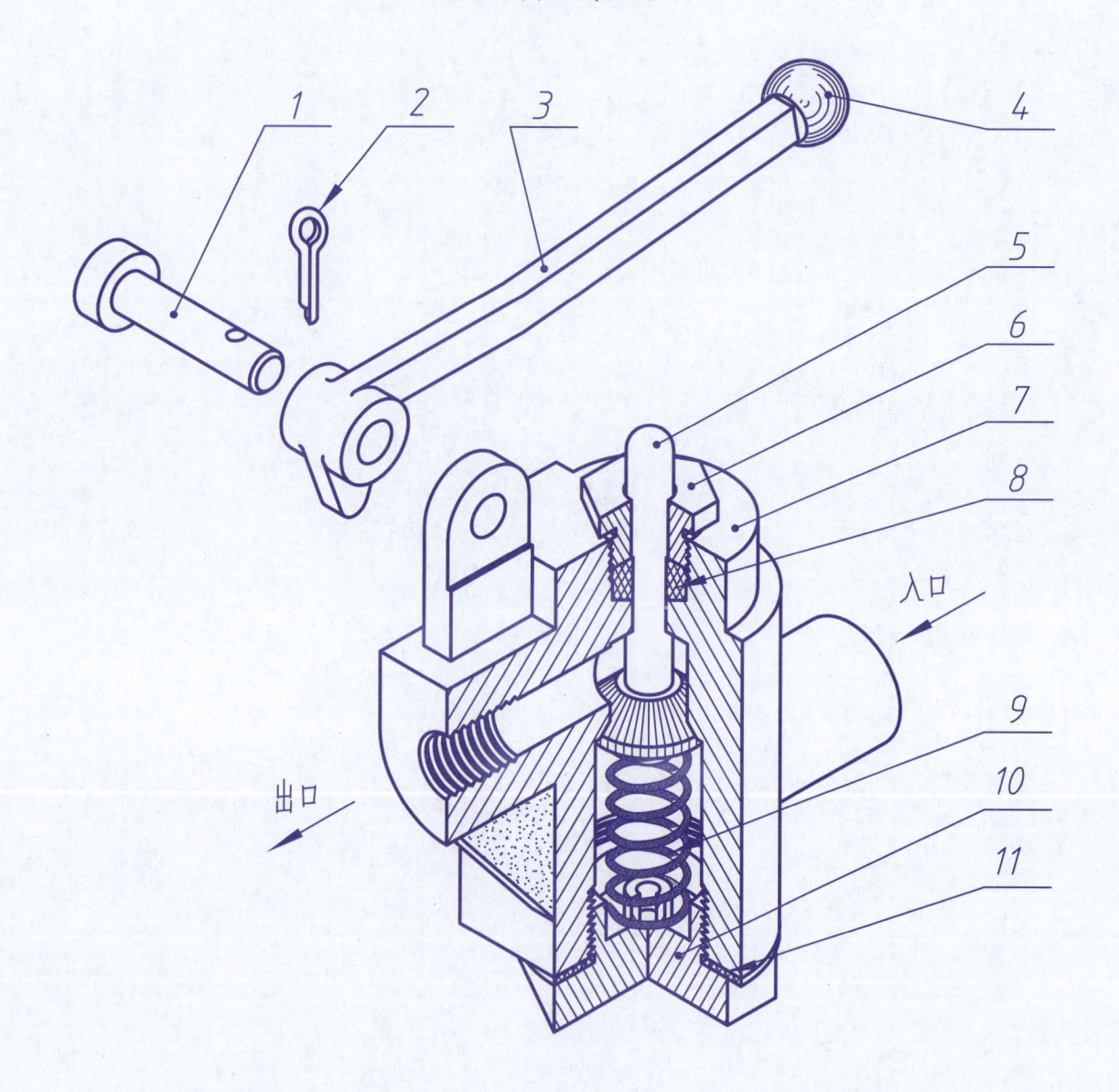

说明

手压阀是吸进或排出液体的一种手动阀门,当握住手柄球 4 向下压紧阀杆 5 时,弹簧 9 因受力压缩而使阀杆向下移动,此时液体入口与出口相通。手柄向上抬起时,由于弹簧弹力的作用,阀杆向上压紧阀体,使液体入口与出口不通。

装配图号:053100

标准件表:

序号	名称	规格	材料	数量
2	开口销	GB/T 91 4×18	35	1
8	填料		石棉绳	

| 5-3-1 | 拼画手压阀装配图(续) | 班级 | 姓名 | 审阅 | 75 |

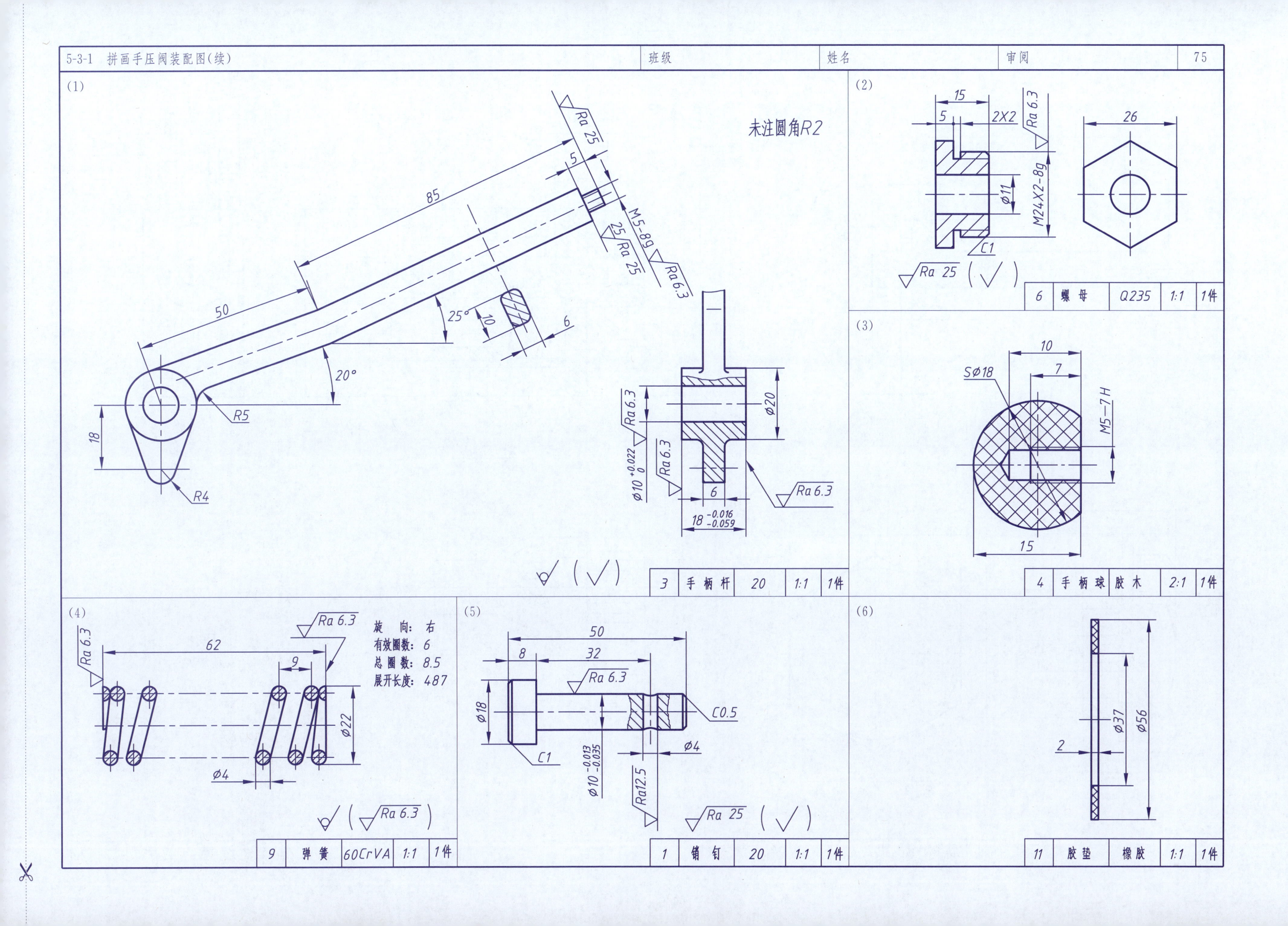

(1) 未注圆角R2

| 3 | 手柄杆 | 20 | 1:1 | 1件 |

(2)

| 6 | 螺母 | Q235 | 1:1 | 1件 |

(3)

| 4 | 手柄球 | 胶木 | 2:1 | 1件 |

(4) 旋向：右　有效圈数：6　总圈数：8.5　展开长度：487

| 9 | 弹簧 | 60CrVA | 1:1 | 1件 |

(5)

| 1 | 销钉 | 20 | 1:1 | 1件 |

(6)

| 11 | 胶垫 | 橡胶 | 1:1 | 1件 |

(7)

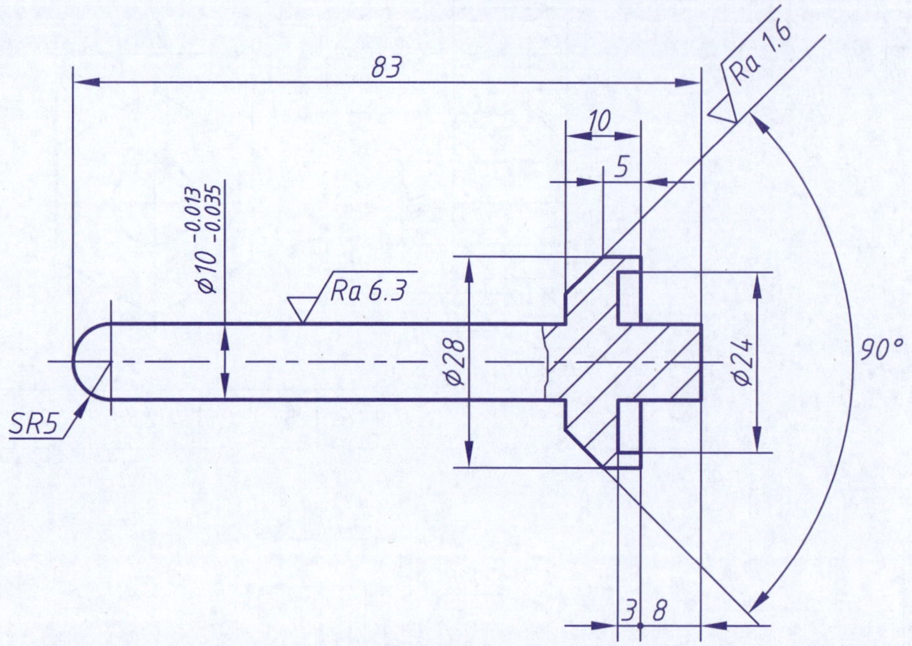

5	阀杆	45	1:1	1件

(8)

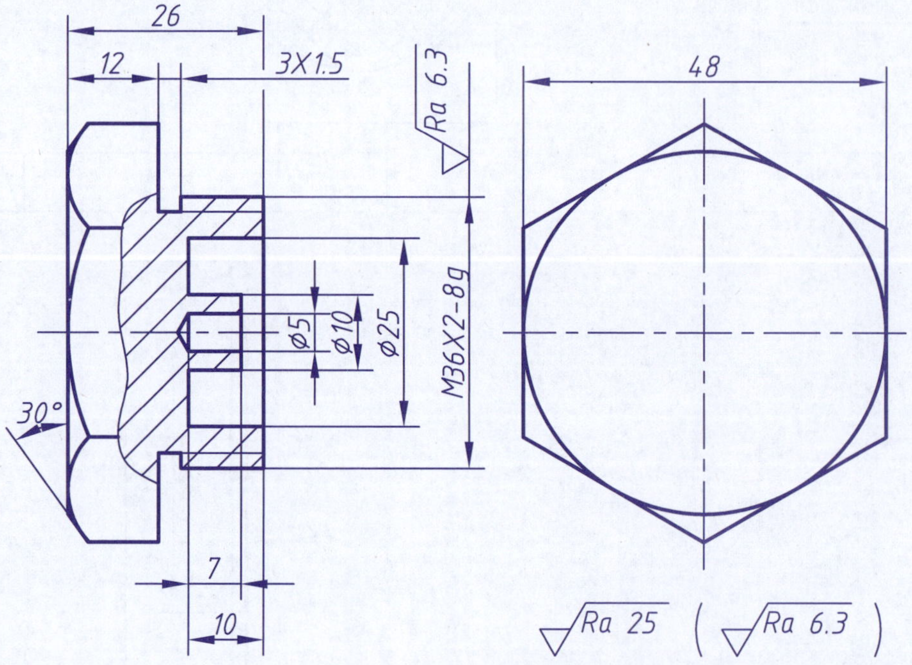

10	调节螺母	Q235	1:1	1件

(9)

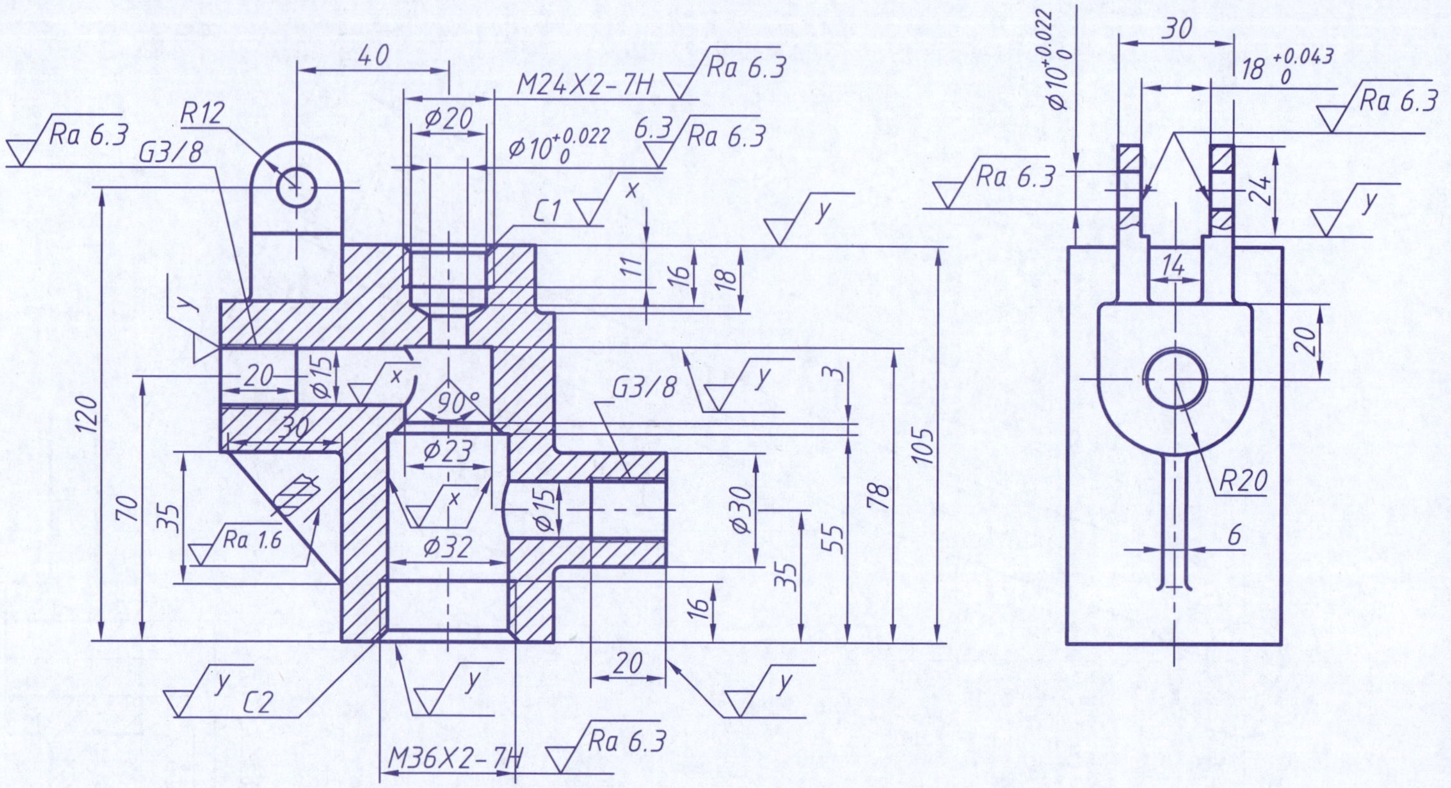

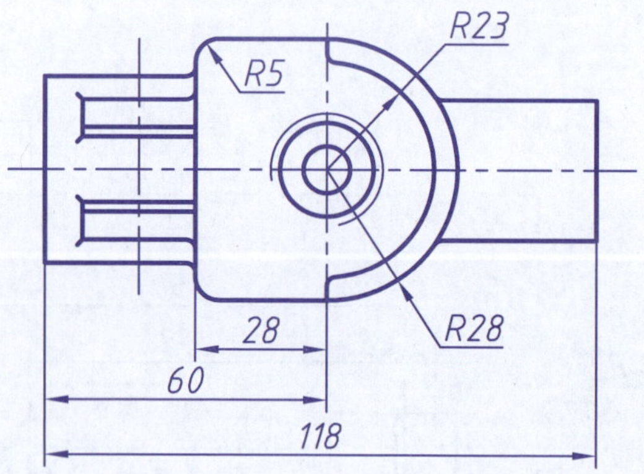

技术要求

铸造圆角 R2

x = Ra 12.5

y = Ra 25

(√)

7	阀体	HT150	1:2	1件

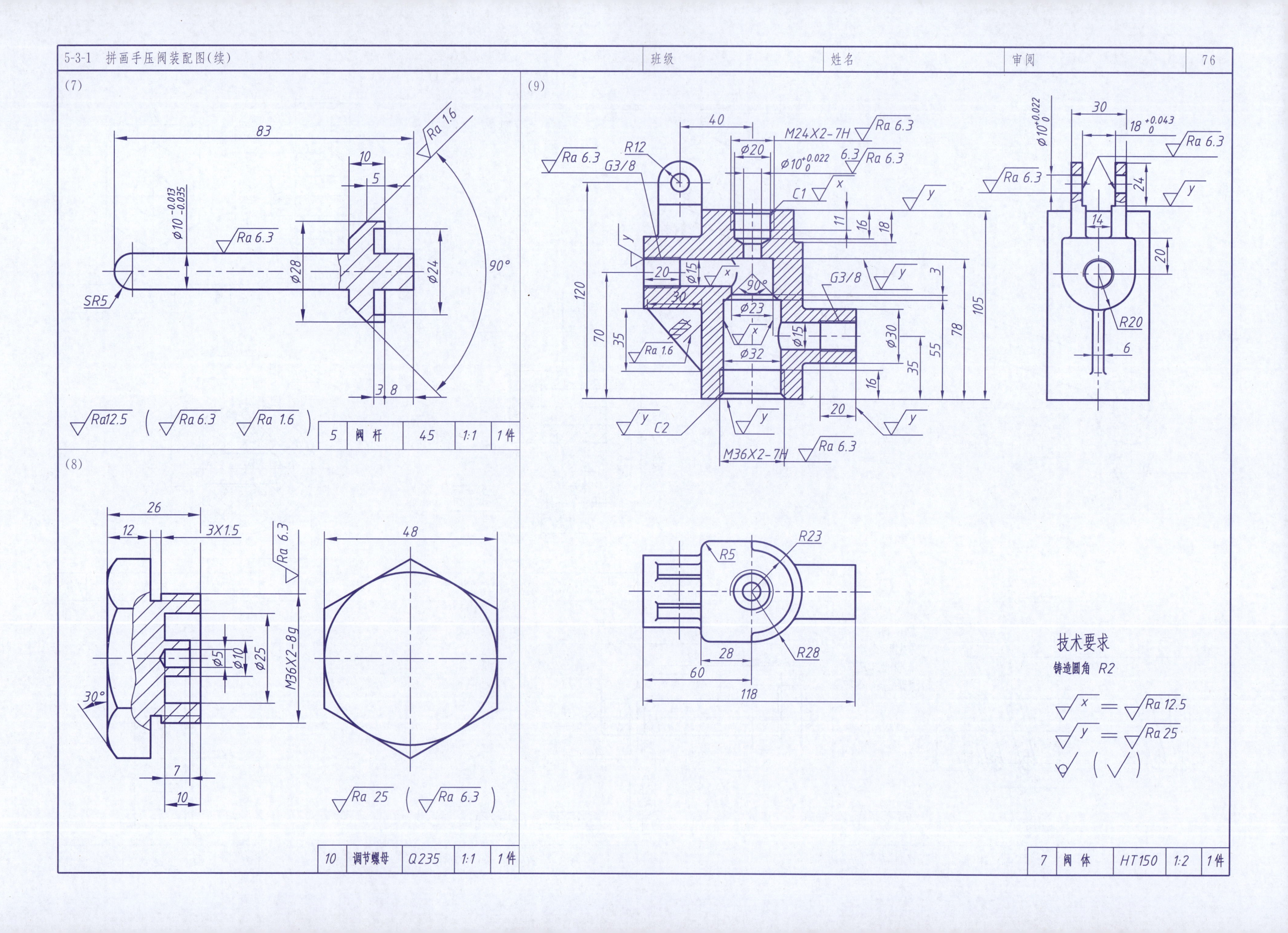

说 明

转子泵是一种定量叶片泵。泵体 1 两侧的管螺纹（见泵体零件图）与油管相连，分别为进油口和出油口。哪个口进油，哪个口出油，随转子 3 的旋转方向而定。

泵体 1 与转子 3 之间由偏心而形成一个新月形空腔。当电动机通过带轮 11 带动轴 7 旋转时，位于转子槽中的叶片 4 由于离心力作用，向外贴紧在衬套 2 的内壁上。叶片开始由新月形空腔的尖端转向中部时，两相邻叶片与衬套隔成的空间逐渐变大，完成吸油过程。转过中点后，这个空间又逐渐变小，完成压油过程，压力油从出油口压出。

泵盖 13 右端装有填料 8（石棉绳），通过压盖螺母 9 和填料压盖 12 将其压紧，以防止油沿轴渗出。

泵体 1 内装有衬套 2，衬套磨损后可以更换。在泵背面加工的两个 M5 的螺纹孔，为更换衬套时用。

转子泵装配示意图

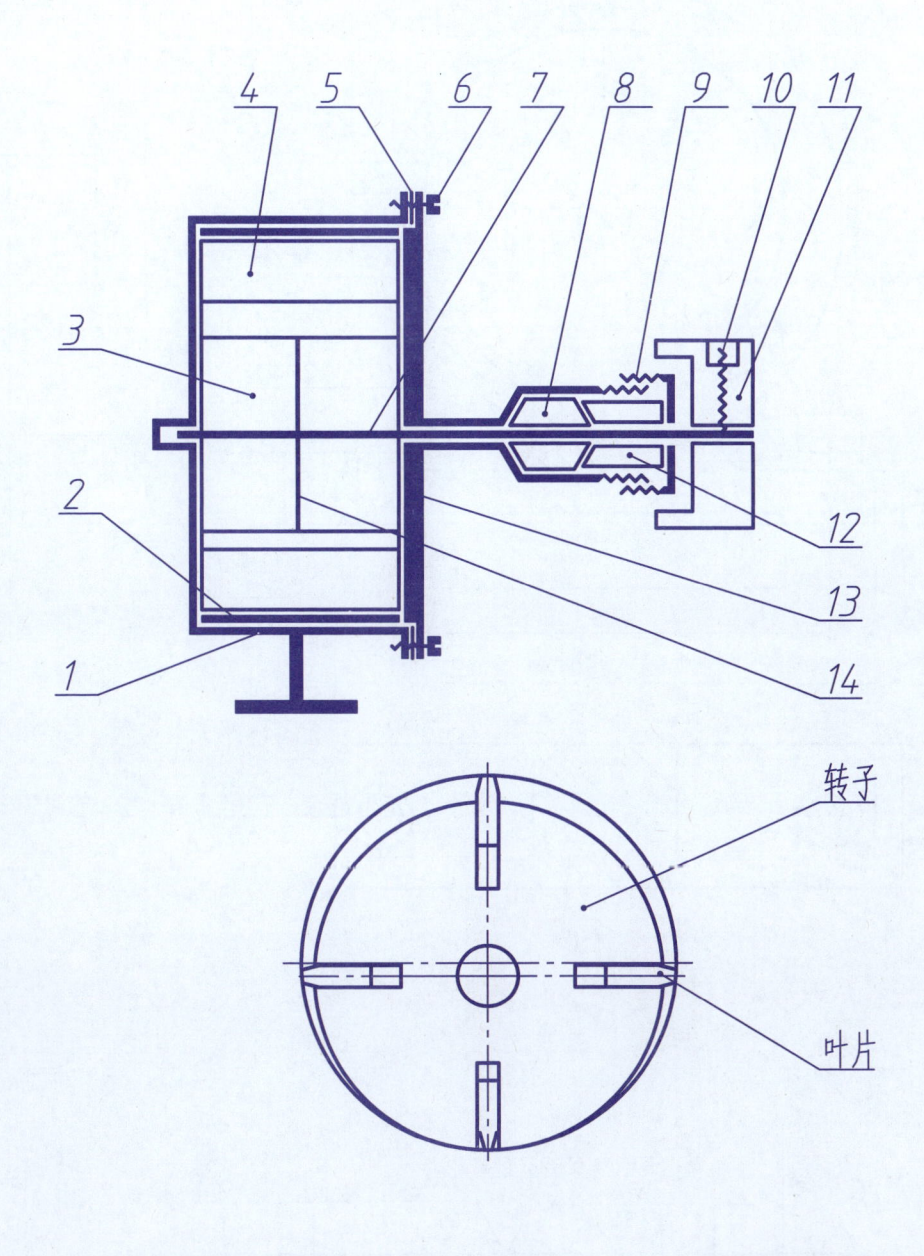

装配图号：053200

标准件表：

序号	名称	规格	材料	数量
6	螺钉	GB/T 65　M6×14	35	3
8	填料		石棉绳	
10	螺钉	GB/T 75　M8×25	35	1
14	销	GB/T 119.1　4×35	35	1

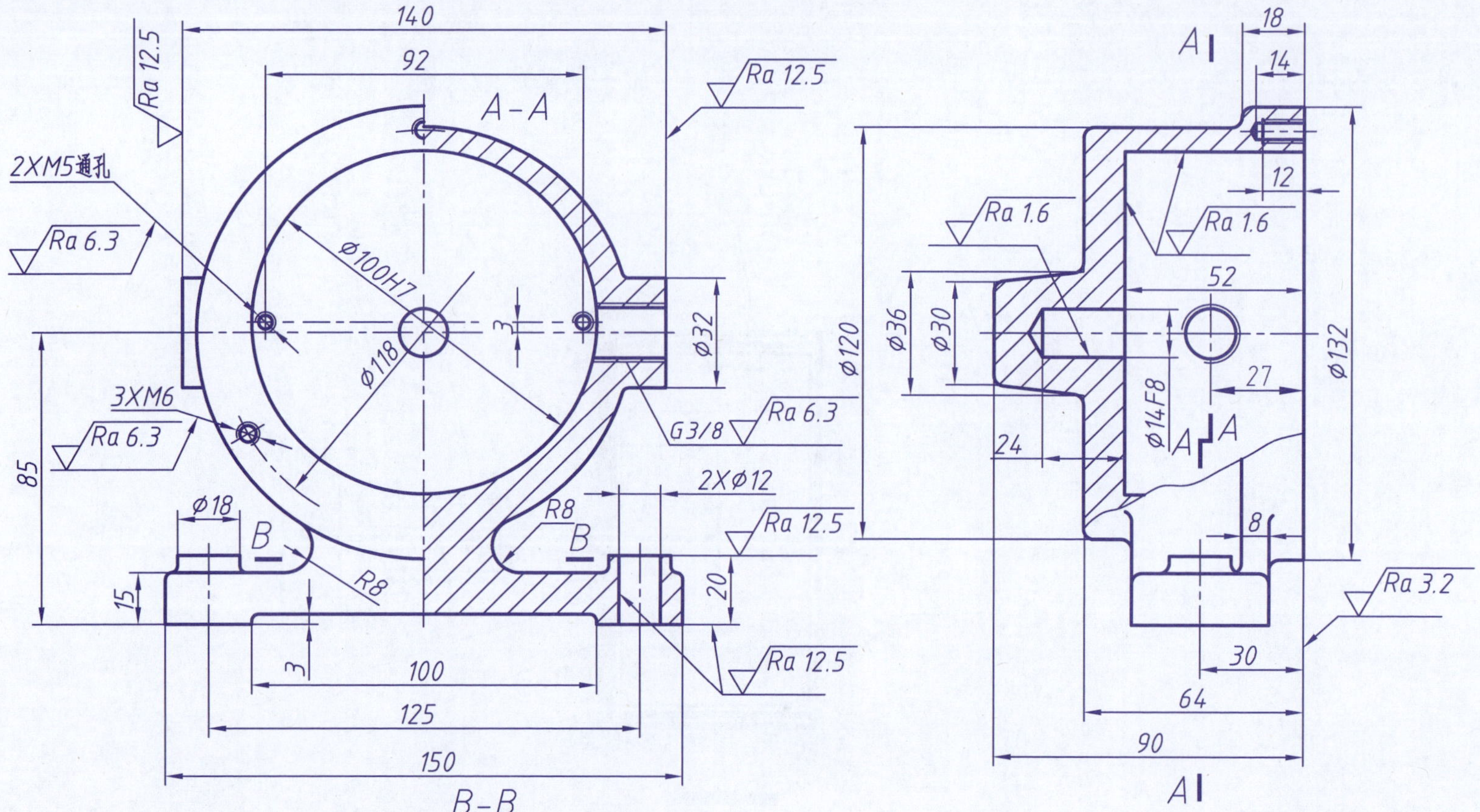

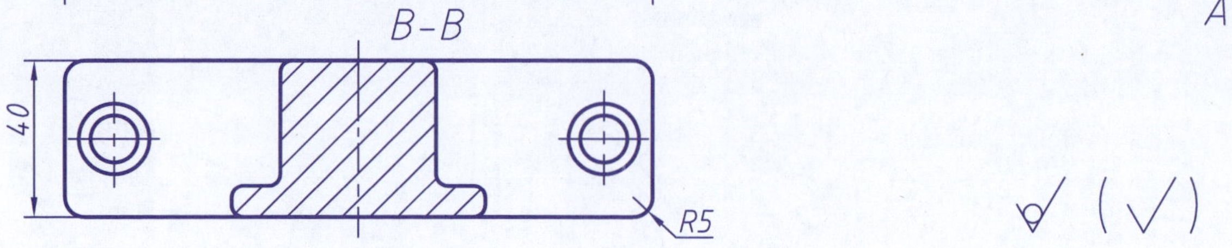

技术要求
1. 铸件不许有缩孔或砂眼
2. 铸造圆角 R3

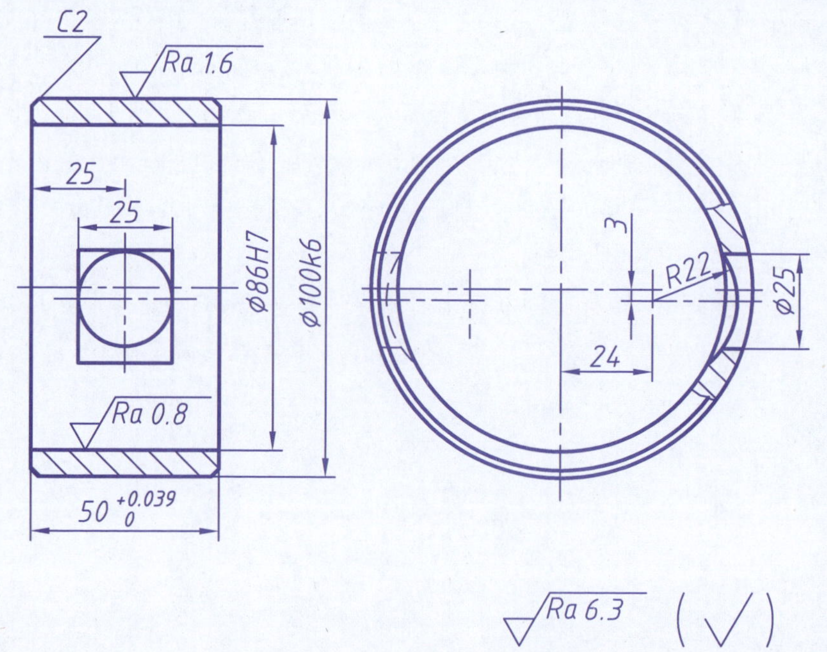

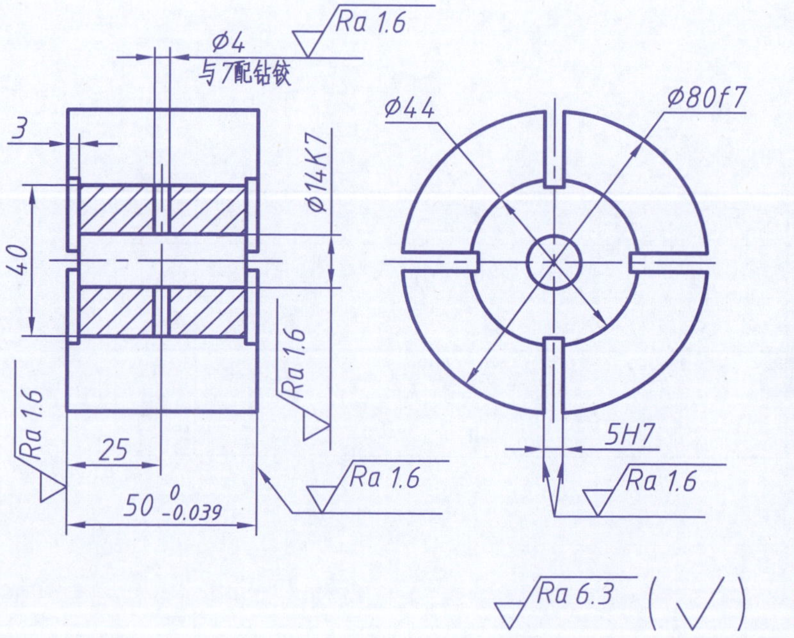

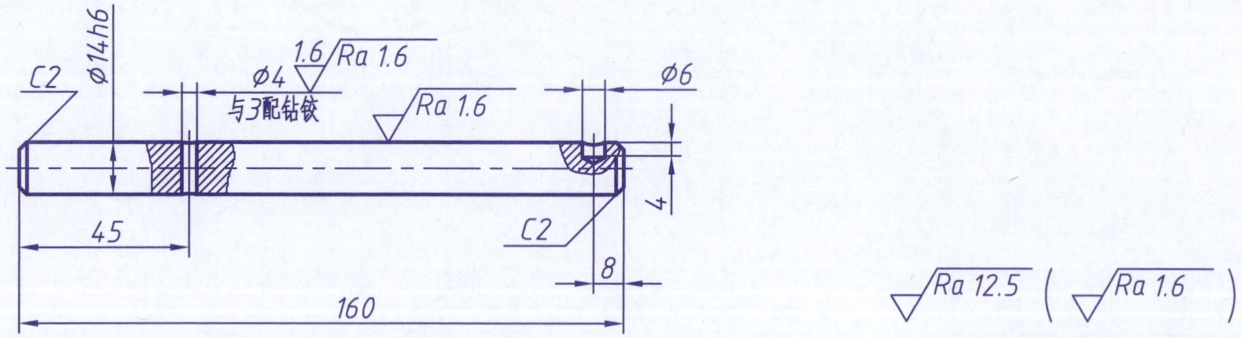

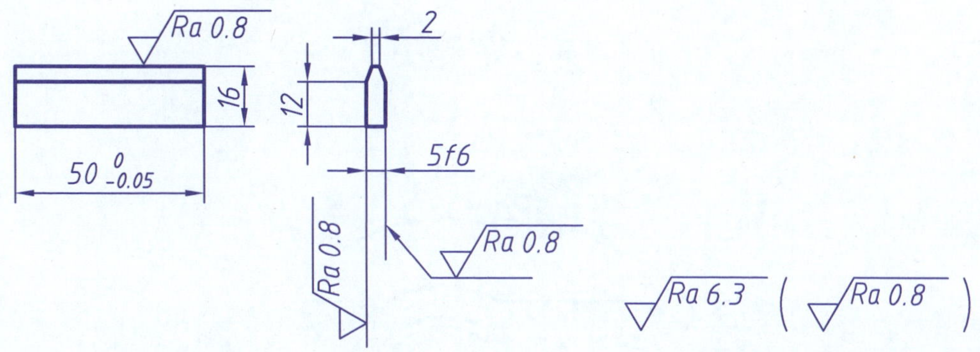

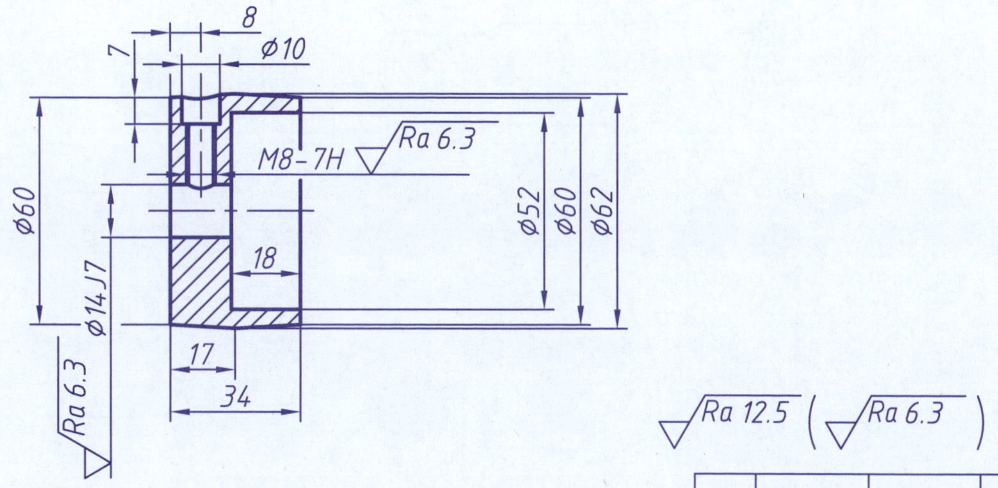

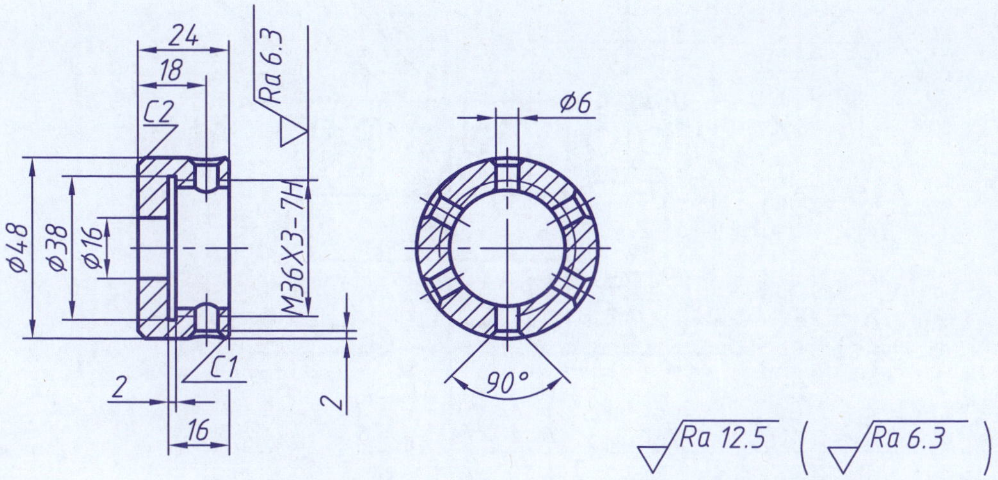

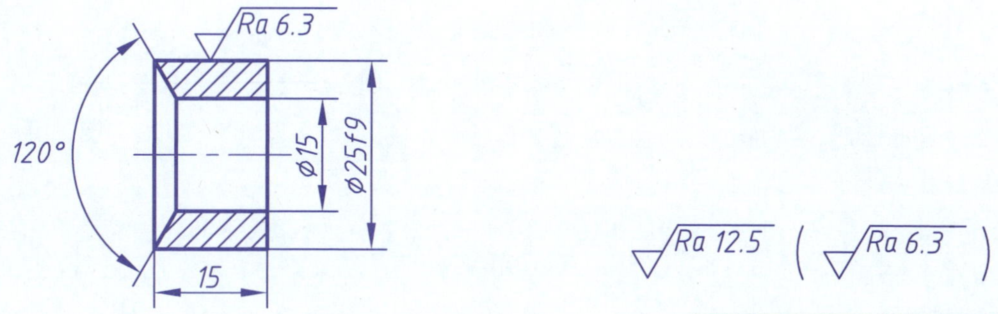

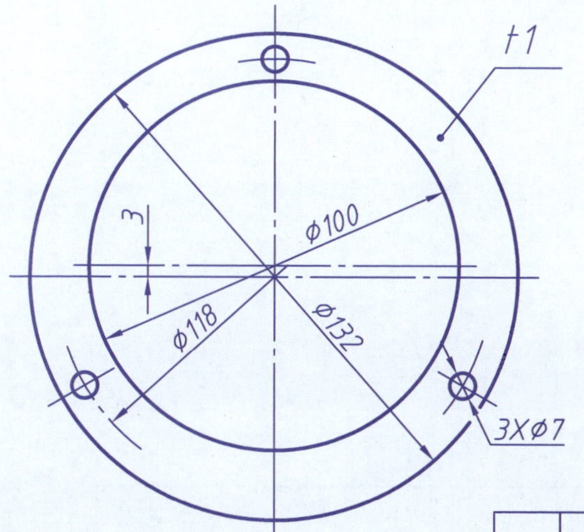

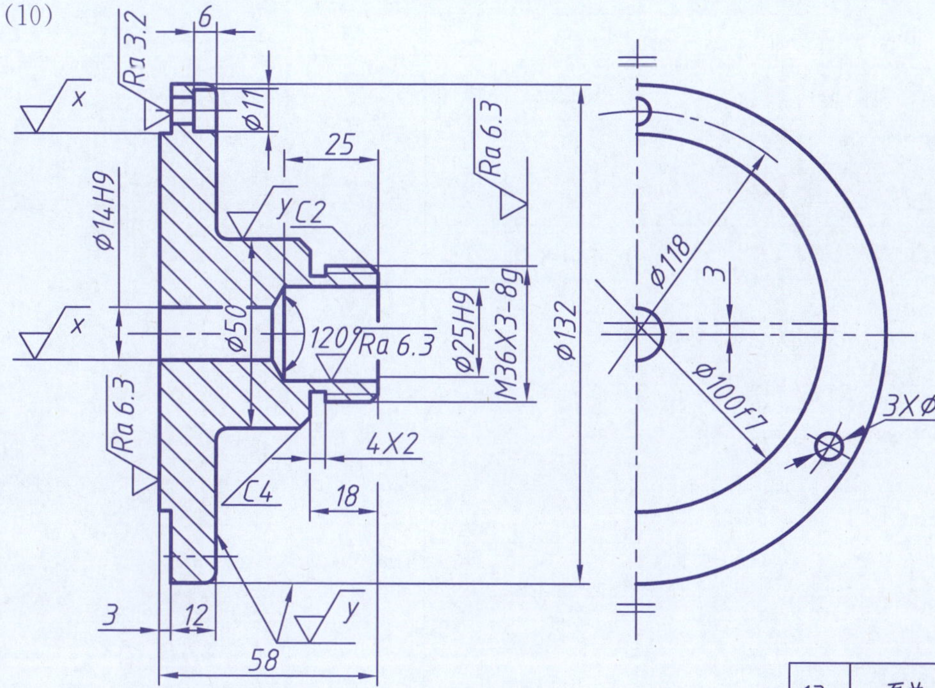

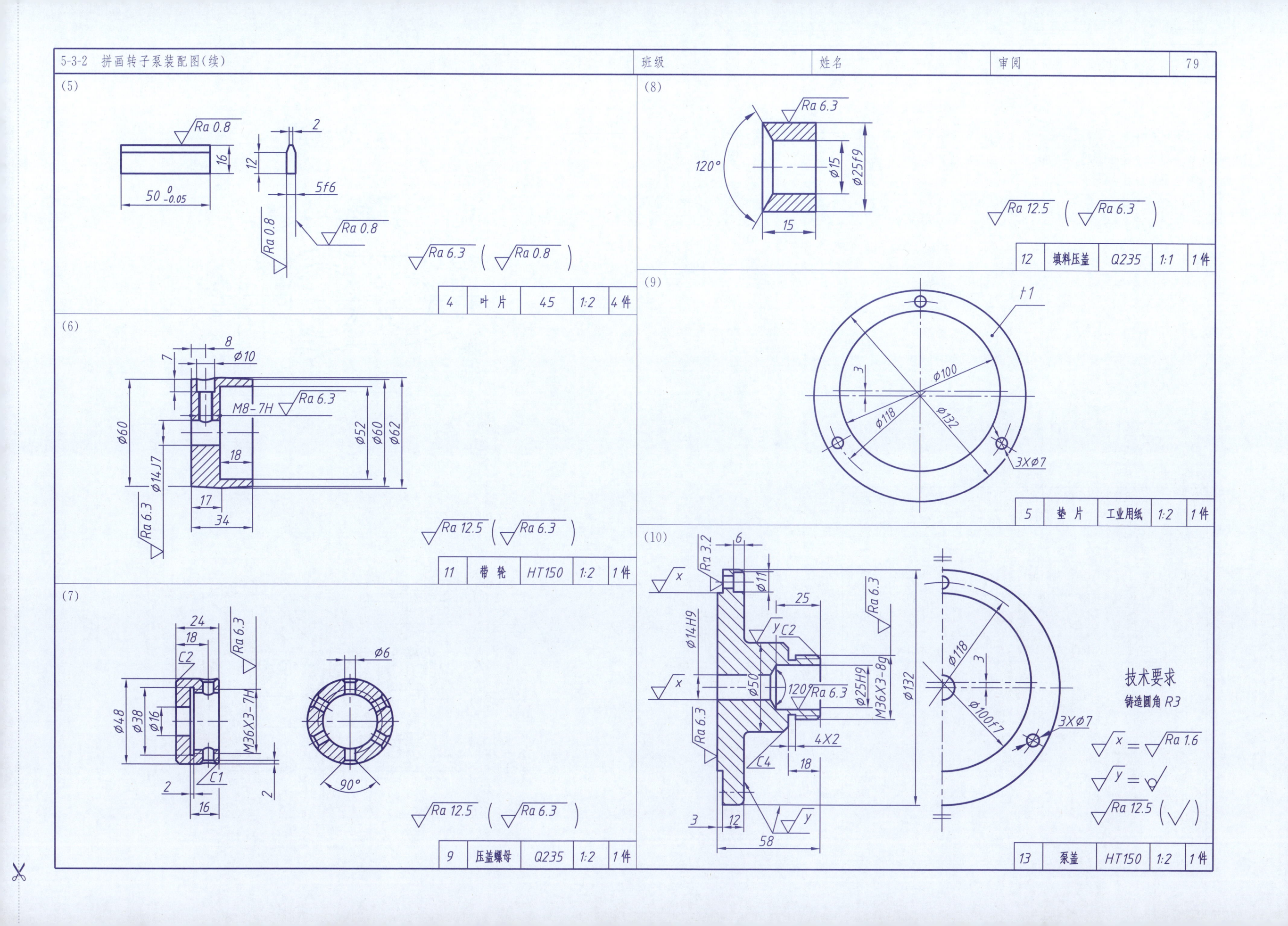

| 5-3-3 | 拼画减速箱装配图 | | 班级 | 姓名 | 审阅 | 80 |

说 明

如图所示为一单级圆柱直齿轮减速箱，输入轴为件27，它由电动机通过带轮带动，再通过Z_1，Z_2两齿轮啮合而带动输出轴24，实现减速。电动机的转数先经带轮减速后，再由减速箱内的一对齿轮减速，最后达到要求的转数。

轴27和轴24分别由一对滚珠轴承6204(件28)和一对滚珠轴承6206(件33)支承，轴承安装时的轴向间隙由调整环25和35实施调整。减速箱采用稀油飞溅润滑，箱内油面高度通过油面指示片4进行观察。通气塞10的作用是为了随时排放箱内润滑油受热后的挥发气体和水蒸气等。螺塞17在换油清理时用。

减速箱装配示意图

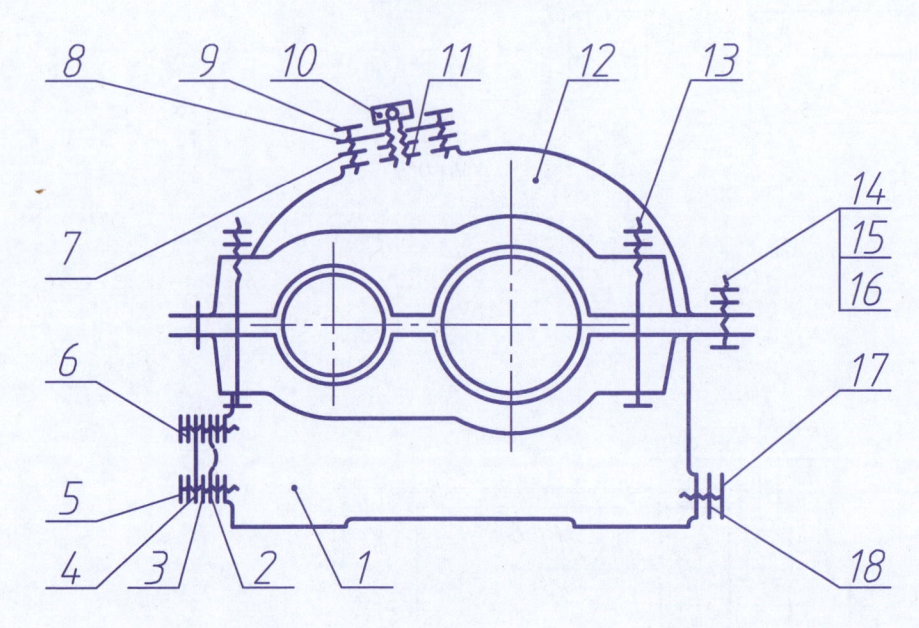

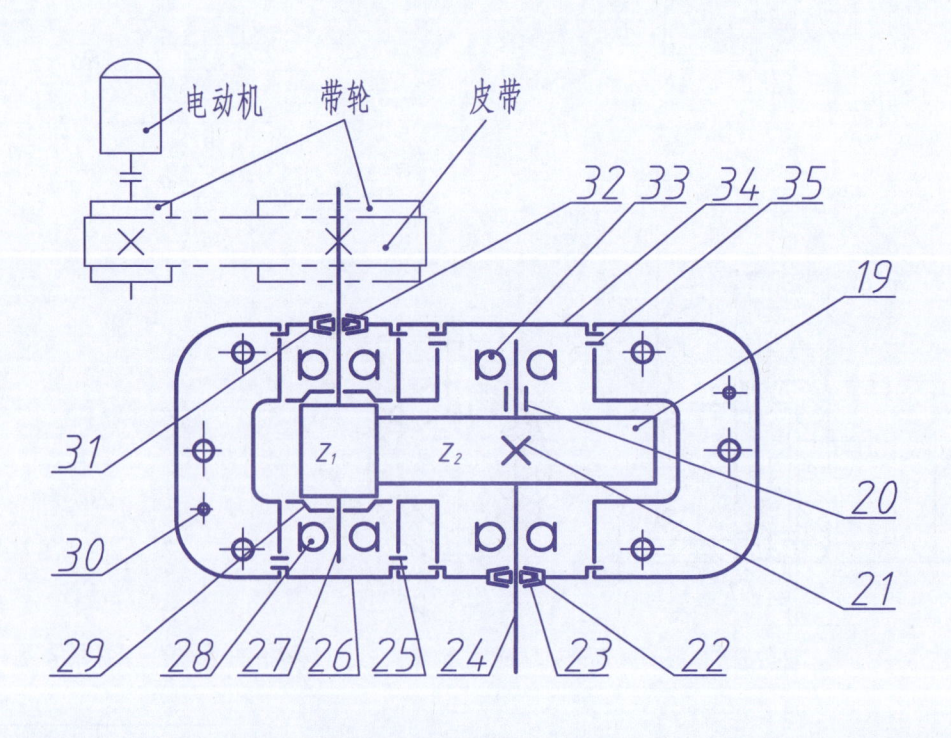

装配图号：053300

标准件表：

序号	名称	规格	材料	数量
5	螺钉	GB/T 65　M3×14	35	3
9	螺钉	GB/T 65　M3×10	35	4
11	螺母	GB/T 41　M10	Q275	1
13	螺栓	GB/T 5780　M8×65	35	4
14	螺栓	GB/T 5780　M8×25	35	2
15	垫圈	GB/T 93　8	65Mn	6
16	螺母	GB/T 41　M8	Q275	6
18	垫圈	GB/T 97.1　10	Q235	2
21	键	10×22　GB/T 1096—2003	45	1
22	毡圈		毛毡	1
28	滚珠轴承	6204 GB/T 276—1994		2
30	销	GB/T 117　3×18	35	2
32	毡圈		毛毡	1
33	滚珠轴承	6206 GB/T 276—1994		2

(1)

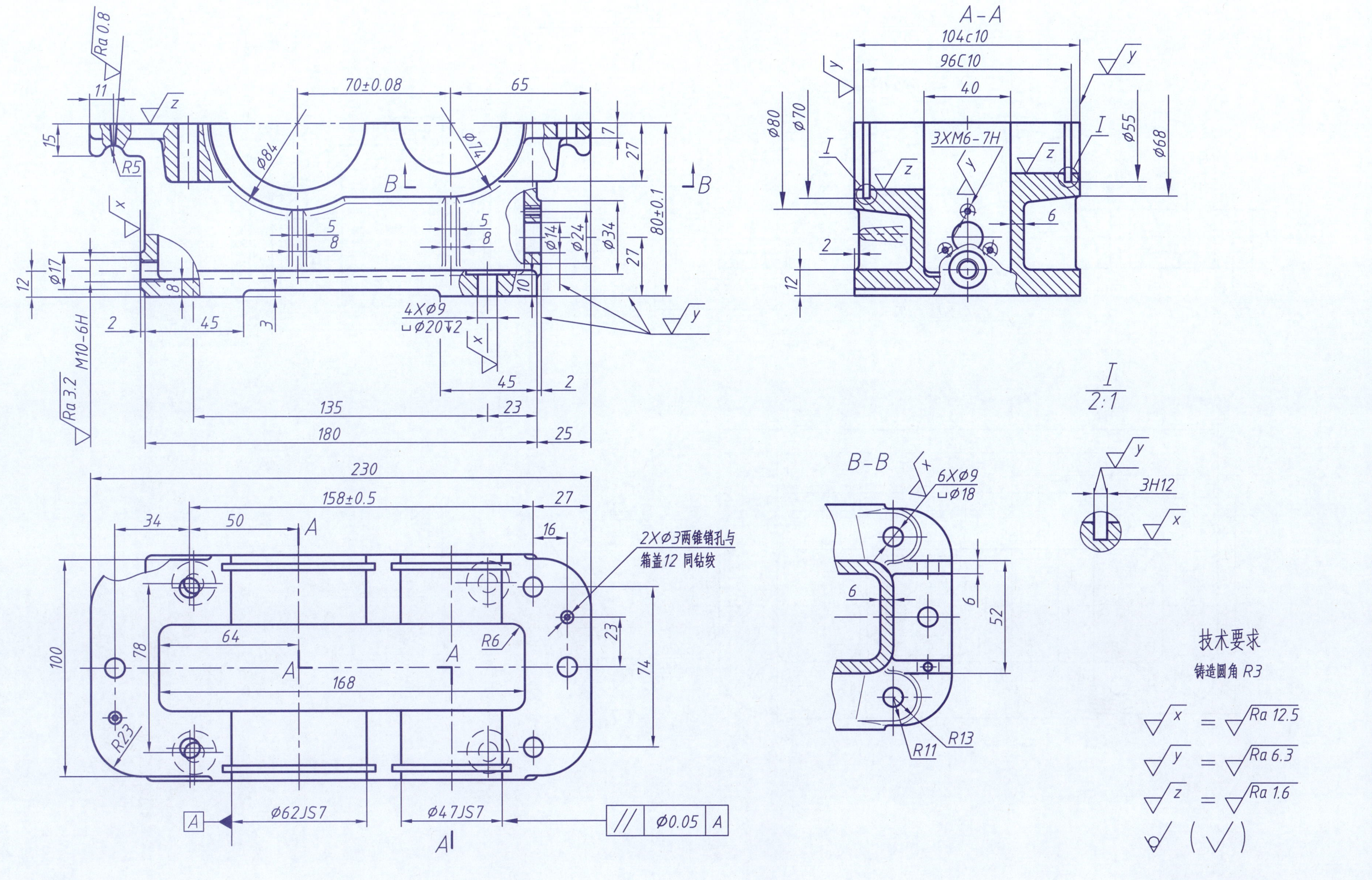

1	箱座	HT150	1:2	1件

(2)

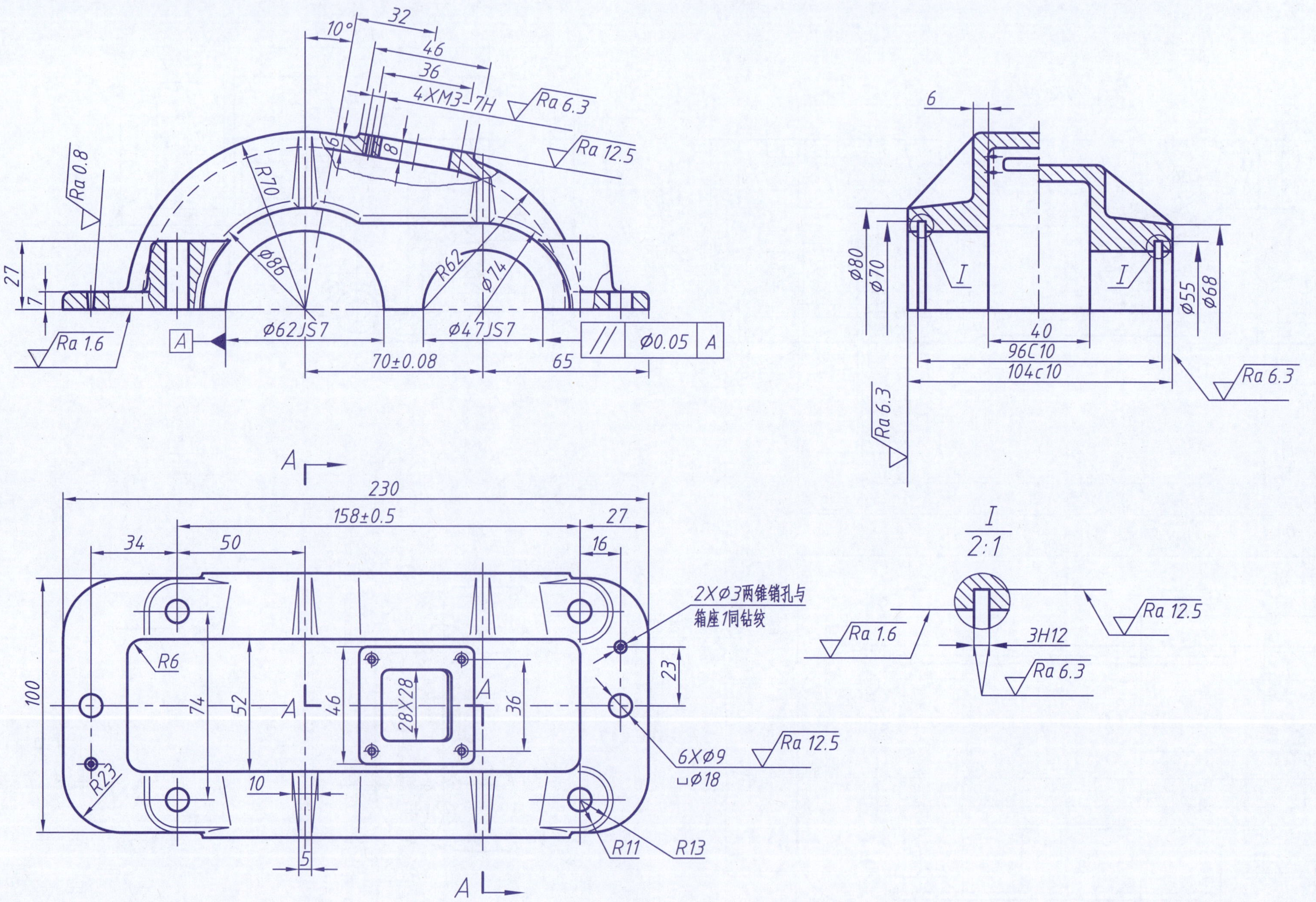

技术要求

铸造圆角R3

√ (√)

12	箱盖	HT150	1:2	1件

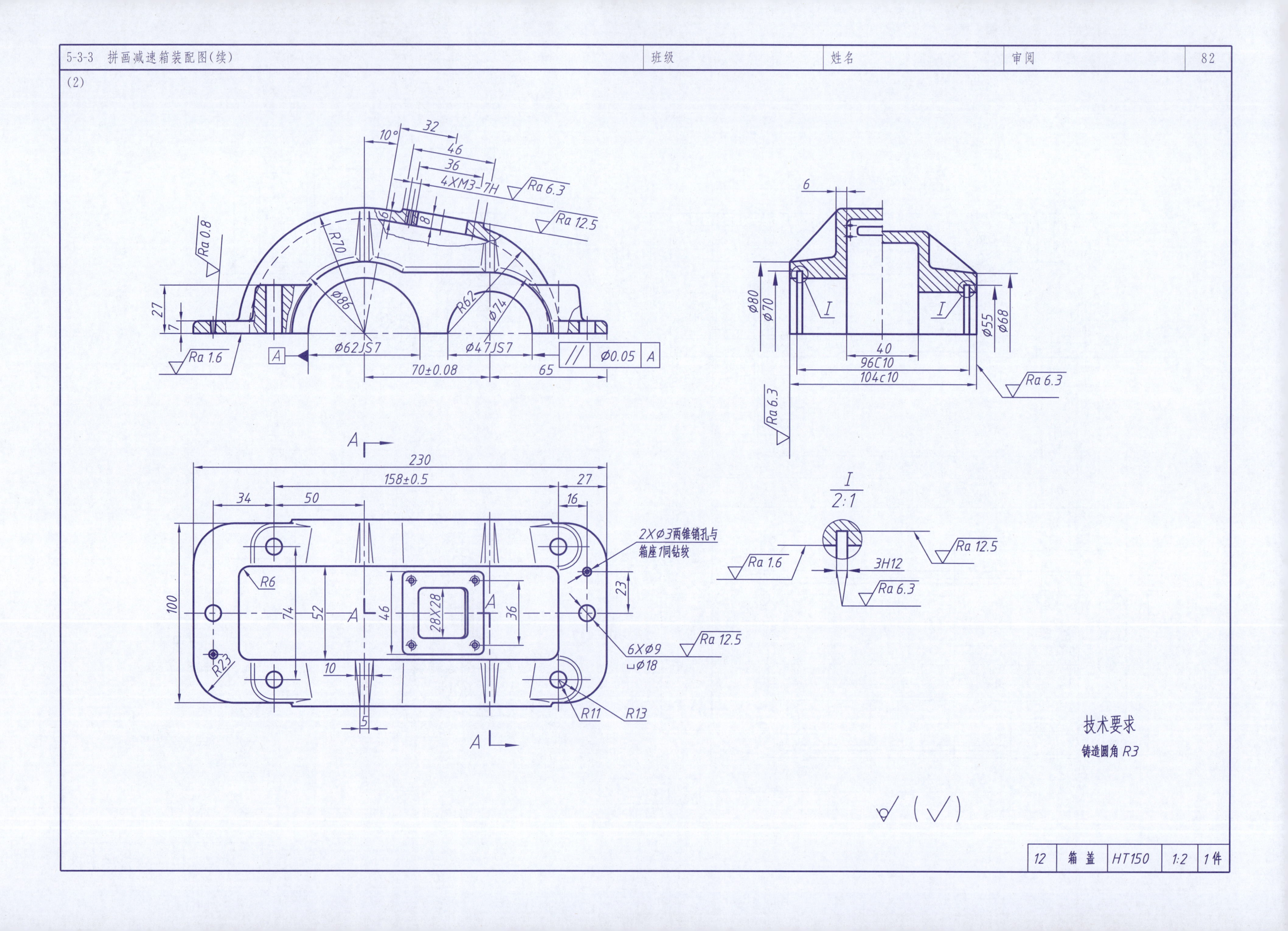

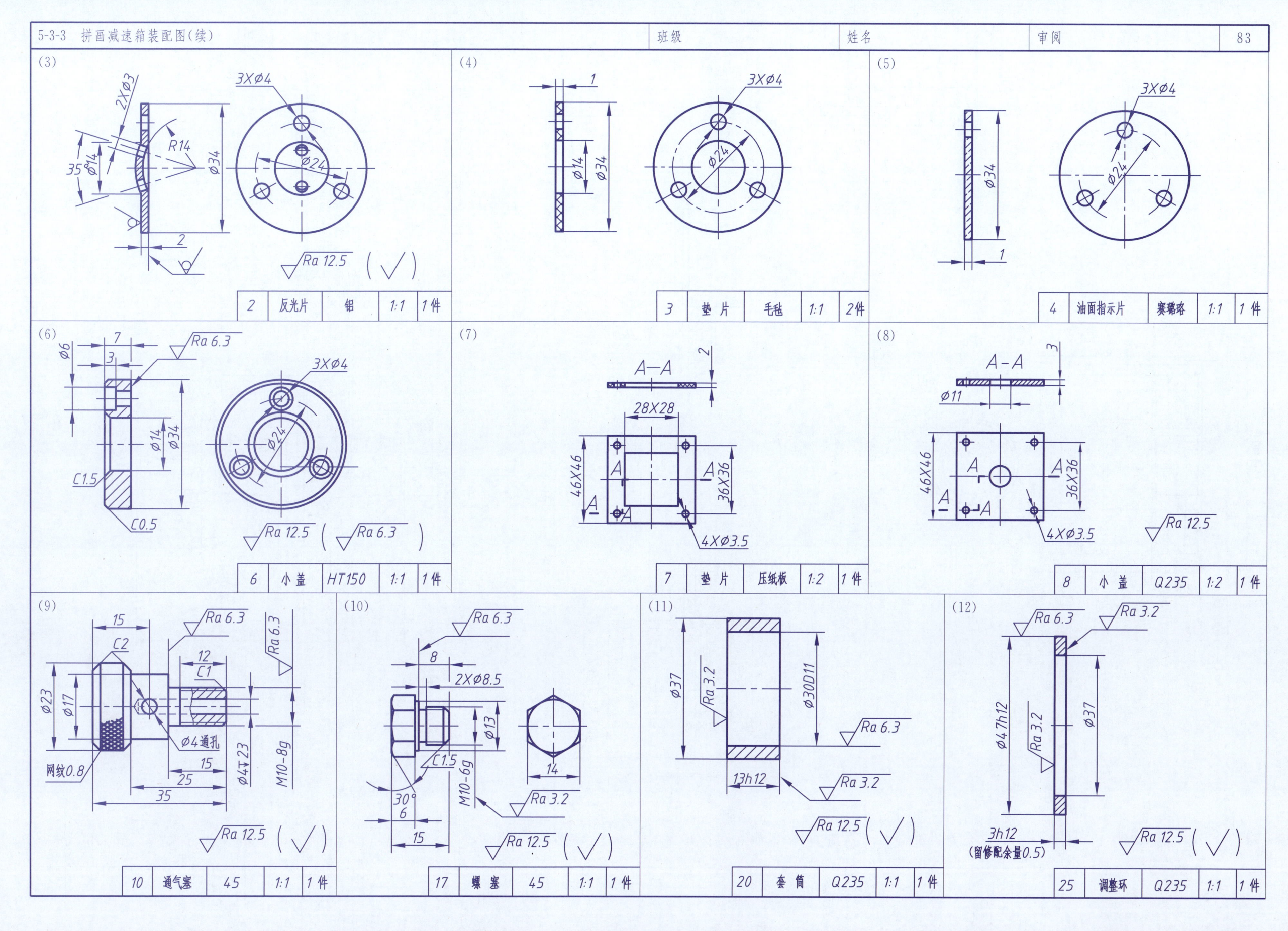

5-3-3 拼画减速箱装配图（续）

模数	m	2
齿数	Z_2	55
齿形角	α	20°
精度等级		q-7-7-GM

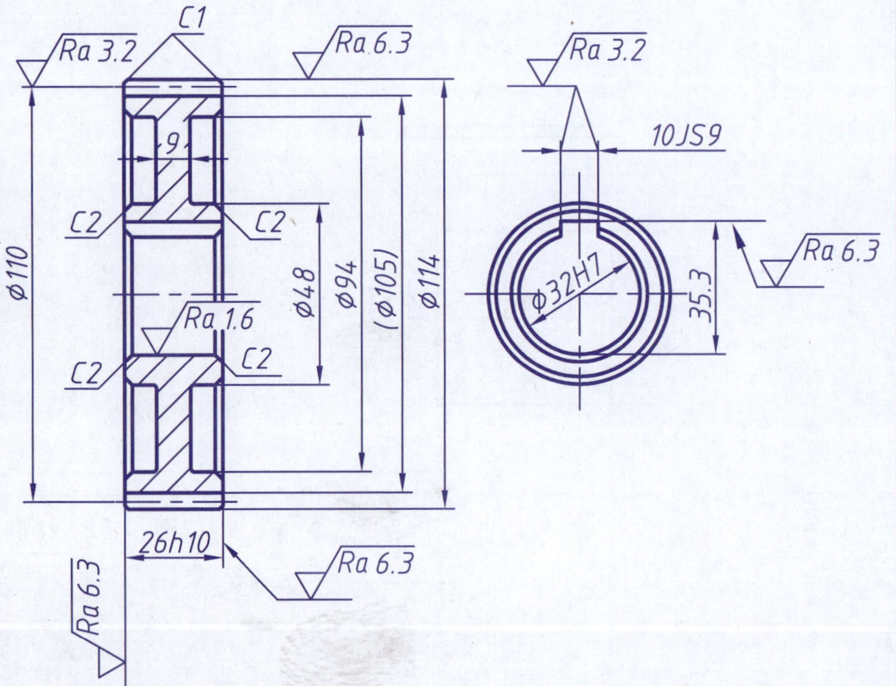

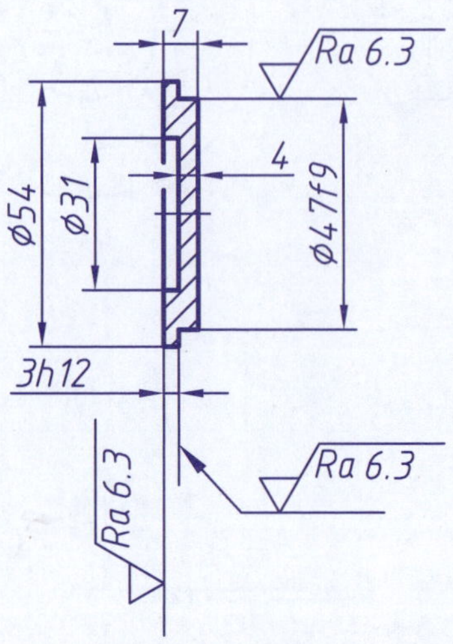

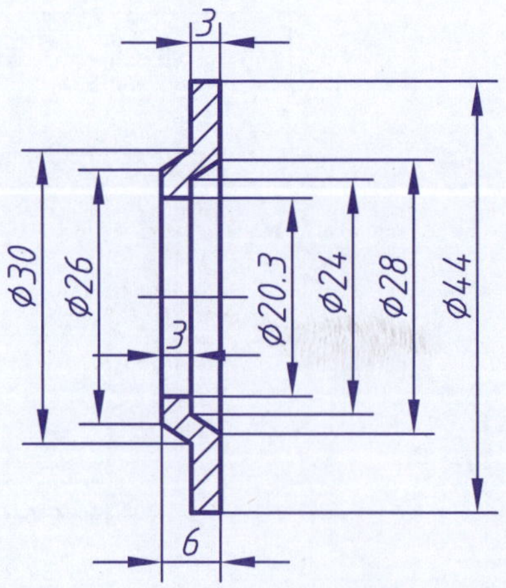

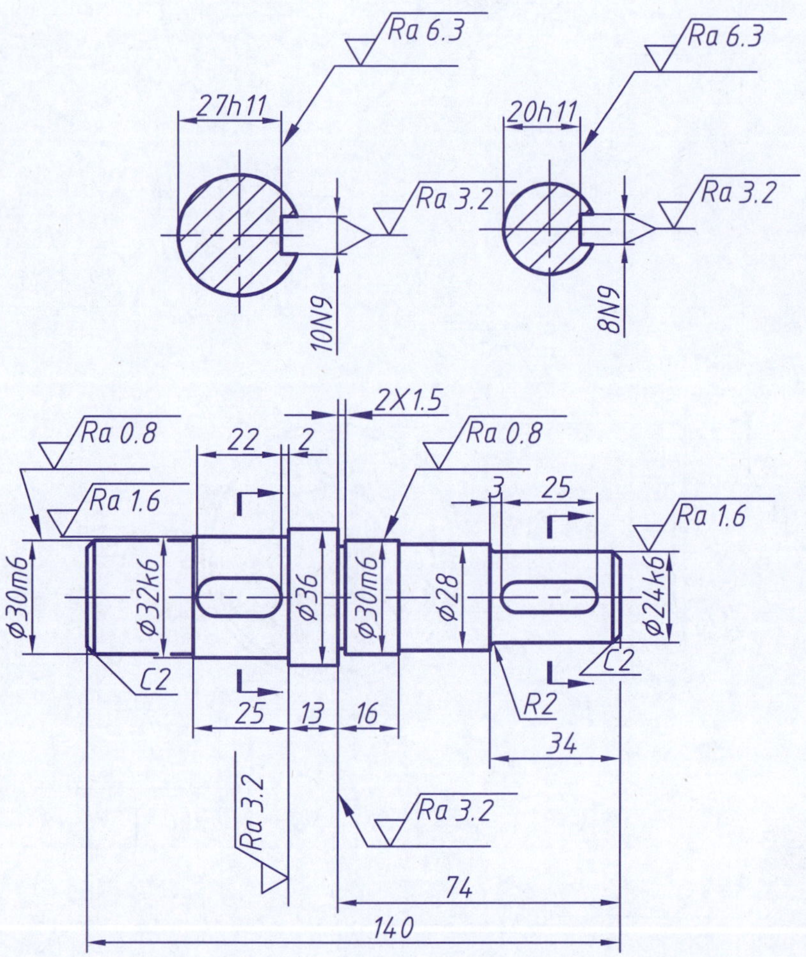

(17)

模数	m	2
齿数	Z_1	15
齿形角	α	20°
精度等级		g-7-7-GM

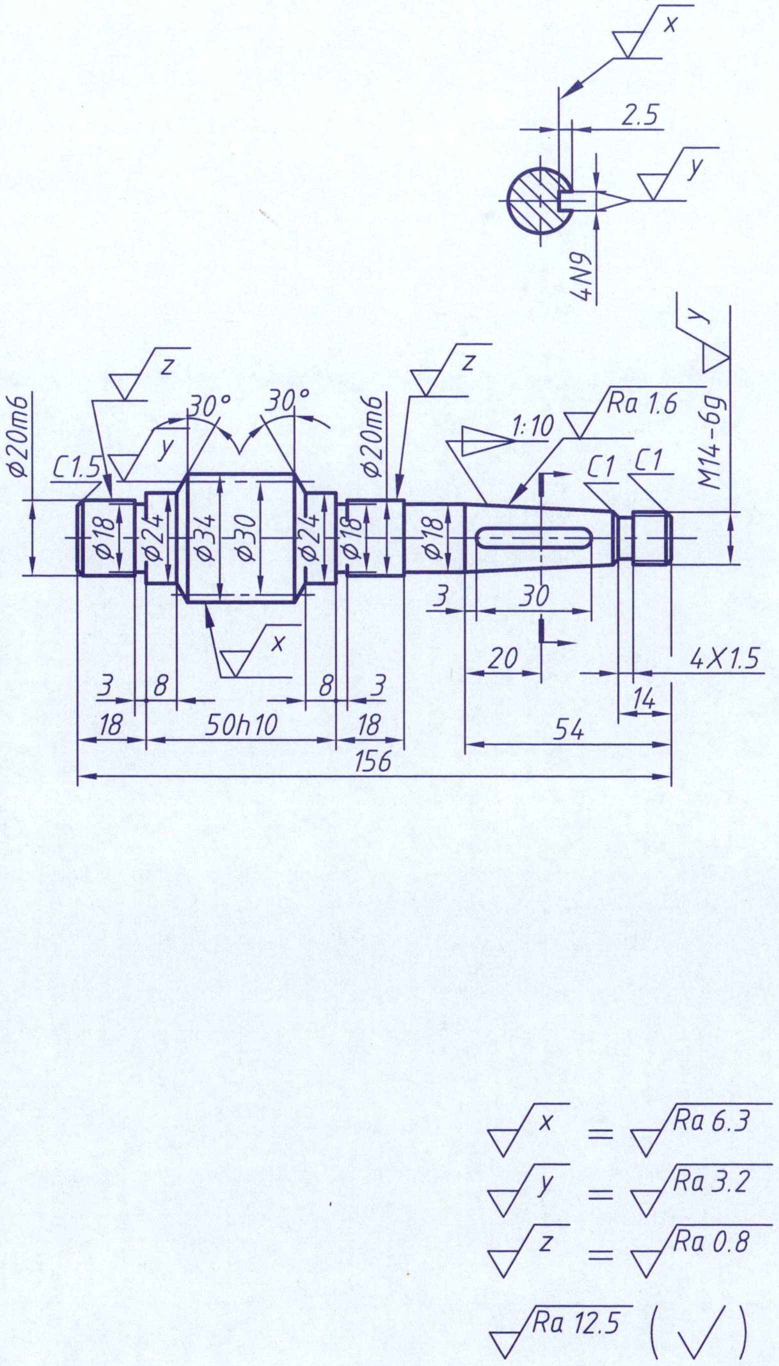

27	齿轮轴	45	1:2	1

(18)

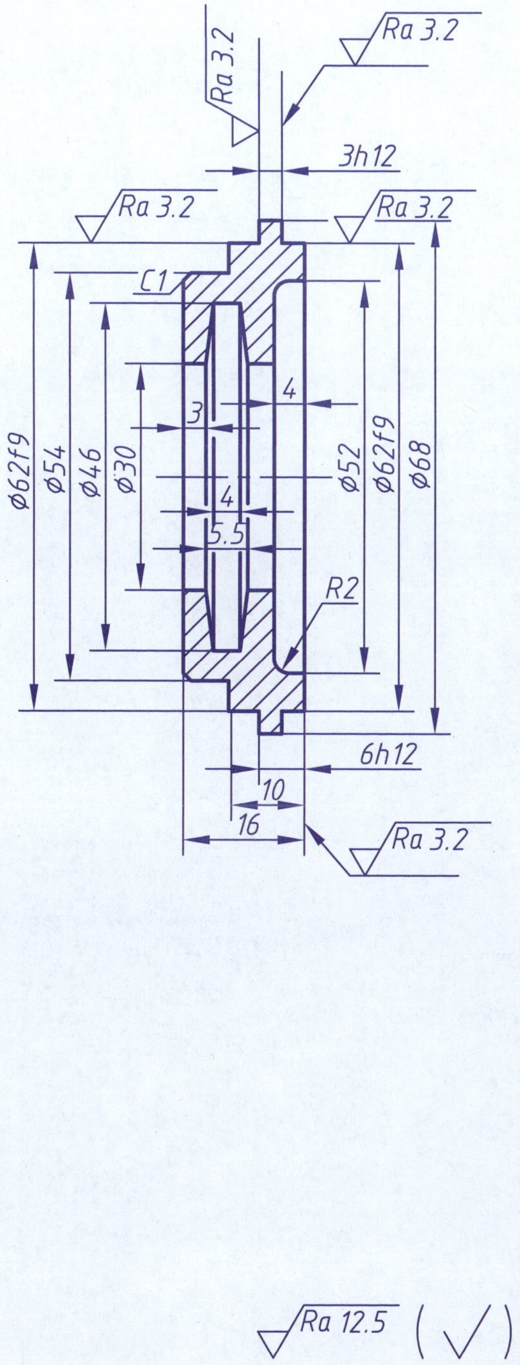

23	端 盖	HT150	1:1	1 件

(19)

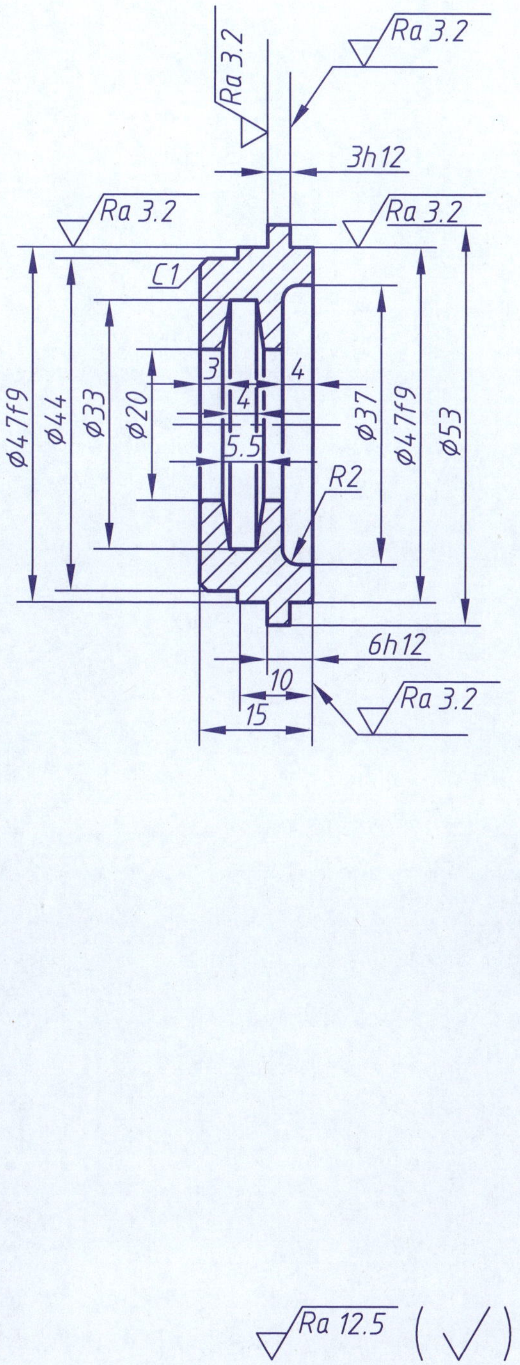

31	端 盖	HT150	1:1	1 件

(20)

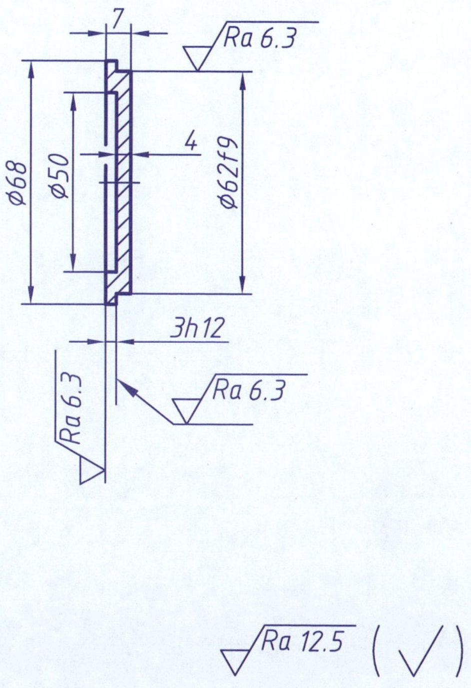

34	端 盖	HT150	1:2	1 件

(21)

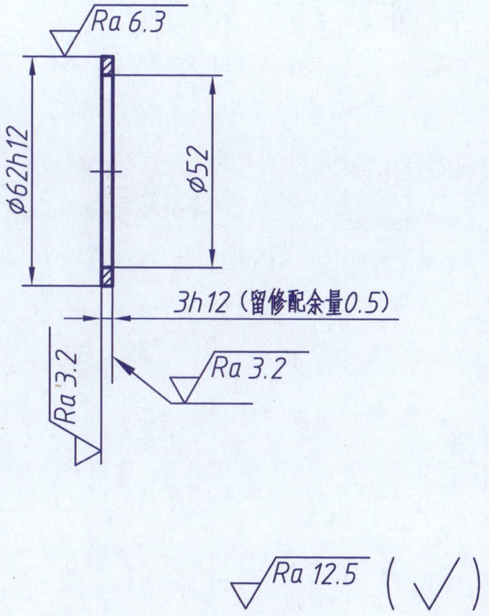

35	调整环	Q235	1:2	1 件

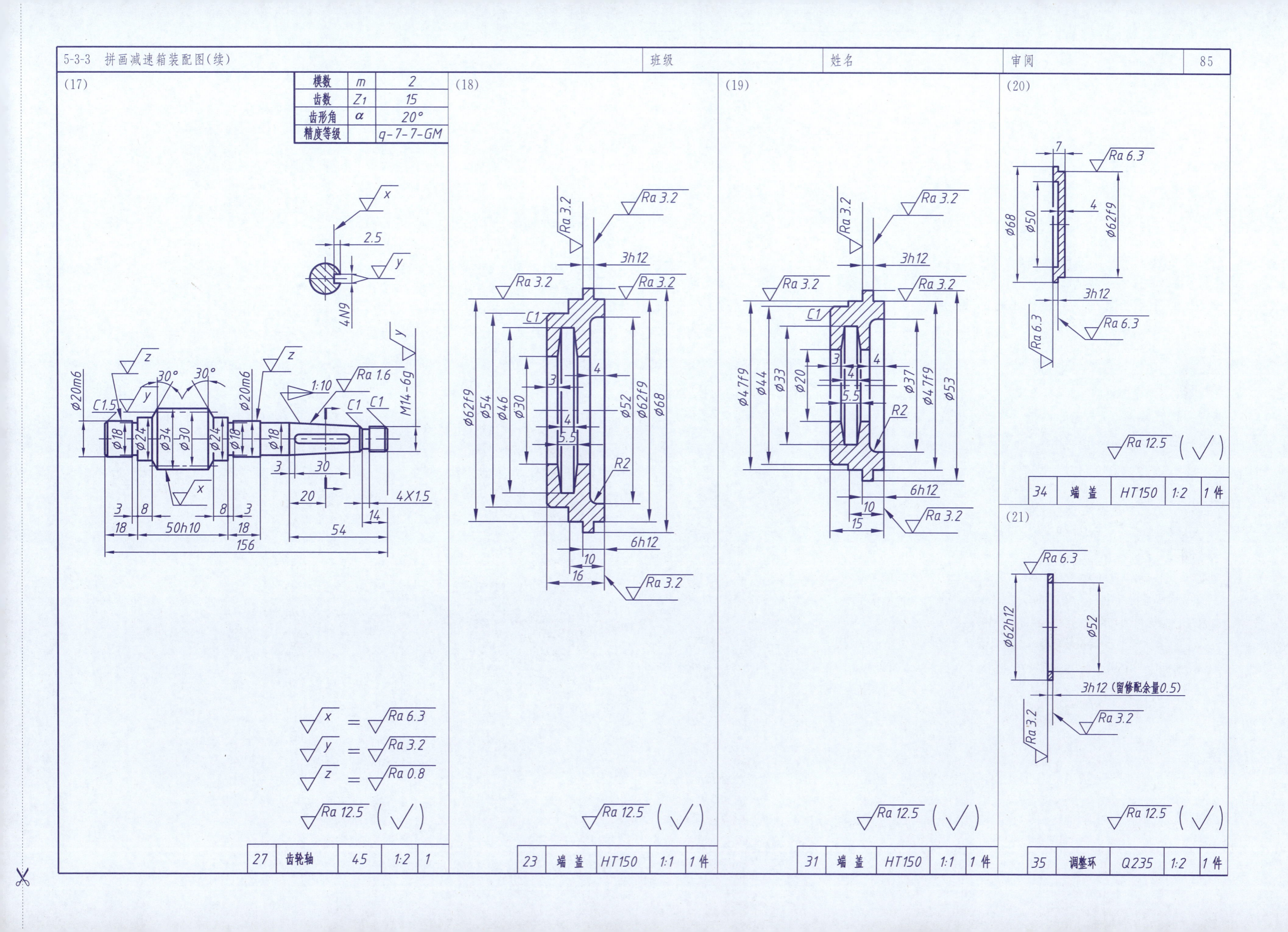

读装配图、拆画零件图作业指示书

(1) 作业目的

学习读装配图的方法，培养读装配图的能力；学习由装配图拆画零件图的方法，进一步提高画零件图的能力。

(2) 作业内容和要求

① 此部分有平口钳、顶尖座、快速阀及齿轮油泵4张装配图（视学时情况选读其中的3张）。前两张为常规的读图、拆图练习，后两张除基本要求以外，还有局部构形设计等提高的要求。对于在装配图上未完全定形的零件，拆图时，在学生思考的基础上，教师给以适当的指导或提示。关于局部装配结构的改进设计，对尚未有这方面实践知识的同学，做起来有一定困难，主要看是否实现提出的功能要求，至于设计的结构和尺寸是否合理不做过高要求。此部分内容视实际情况选做。做此部分内容时，教师要加强指导并创造一定的条件。

② 每张装配图都提出了拆画零件图的内容。大多数的零件在方格纸上画成草图，可挑选1~2个零件画成工作图。除平口钳装配图中的3个零件、齿轮油泵中的主动轴和齿轮画成内容完全的零件草图外，其他的零件可只画出其视图，不注尺寸和表面结构。

所画零件图要求形体表达完整、清晰、正确；尺寸标注完全、符合规格、清晰、基本合理，相配合的表面公称尺寸应相同，并注出相应的极限偏差数值。零件的表面应注有表面结构符号。

(3) 对完成作业的指示

① 读图时必须认真阅读有关装配图的说明书，对照装配图，搞清该装配体的工作原理、零件间的装配关系、各零件的作用和结构形状等，并回答读图问题。读图必须将投影分析（形体分析、面形分析）和结构功用、装配关系分析结合起来进行，不然会给读图造成不必要的困难。

② 拆画零件图时，零件的视图必须根据零件视图选择的原则和方法重新分析，考虑确定，切忌不加分析地照抄装配图上该零件的视图。在画形体时，应考虑加上必要的倒角和退刀槽等结构。

③ 注零件尺寸时，特别要注意有相互关系的零件其相关尺寸的协调一致。对装配图上已有的尺寸，应转注到相应的零件图上。对公差带代号，要查表注出其极限偏差数值。对诸如螺纹、键槽等标准结构的尺寸，应查表注出。

④ 表面结构参数 Ra 选择的建议：

a. 相配合的表面 Ra 可选 0.8~3.2。公差等级为6级的 Ra 可选 0.8~1.6；公差等级为8级的 Ra 可选 3.2。

b. 非包容的接触面 Ra 可选 1.6~6.3。一般盖子的结合面 Ra 可选 6.3，定位的基准面 Ra 可选 1.6 或 3.2。

c. 加工的自由表面 Ra 可选 12.5~25，例如倒角、退刀槽以及穿螺纹紧固件的光孔等。

⑤ 每个零件占有规定的图幅和单独的标题栏。标题栏中必须填有零件名称、材料牌号、数量和比例等。

题目1. 平口钳功用说明和读图问题（装配图见第88页）

功用说明

平口钳用于夹持被加工的工件。使用时固定钳体1安装在工作台上，旋转螺杆2带动螺母5及活动钳体3做直线往复运动，从而使两钳口板闭合或张开以夹紧或松开工件，螺钉4用来锁紧螺母5。

读图问题

(1) 当螺杆2做顺时针旋转时（从螺杆右端看），活动钳体3向何方移动？

(2) 垫圈9有何作用？

(3) 螺钉4上面的两个小孔有什么作用？

(4) 当需要把螺母5拆下时，其拆卸步骤如何？

(5) 主视图上尺寸 $\phi 22\ H8/f7$ 属装配图上何种尺寸？请说明其具体含义。左视图上尺寸112属何种尺寸？

(6) 拆画固定钳体1、螺杆2、活动钳体3的零件图。

题目2. 顶尖座功用说明和读图问题（装配图见第89页）

功用说明

顶尖座属铣床附件，使用时底座11安装在工作台上。顶尖8可左右移动，以松开或顶紧工件；顶尖的上下位置可调节；还可使顶尖的轴线与水平方向成倾斜位置。

定位键21的作用是确定顶尖轴线在前后方向上的准确位置。

读图问题

(1) 请说明顶尖座能实现哪几种运动，及实现每种运动的具体操作步骤。

(2) 请说明升降螺杆10下端（定位卡15的下方）的螺纹有何作用。

(3) $A—A$ 剖视图上的尺寸 $18\ J7/h6$ 属装配图上的何种尺寸？请分别说明18、J7、h6的含义。

(4) 拆画底座11、尾座体6的零件图。

*(5) 描绘出使顶尖8等向右移动15，升高20，顶尖轴线向右下方倾斜到极限位置的主视图（取全剖视）。

(续)　　　　　　　　　　　　　　　班级　　　　姓名　　　　审阅　　　　87

题目3.快速阀功用说明和读图问题(装配图见第90页)

功用说明

快速阀是借助于齿轮齿条传动迅速启动流体通路的一种装置。

旋转手柄21,通过齿轮轴24的转动,使齿条2向上移动,从而带动阀瓣8,10上移,使通路打开;反之则通路关闭。阀瓣8,10由于弹簧9的弹力而紧紧贴在$\phi 28$的孔口凸缘上。齿轮轴24与上封盖16上的扇形凸缘结构可以限制手柄的旋转角度(见A—A),以确定阀瓣8,10上升和下降的极限位置。

读图问题

(1) 阀门从开启到关闭,手柄21所转动的最大角度是多少?

(2) 在A—A图中画出手柄21的两个极限位置(用断开画法画出手柄的局部)。

(3) 请说明从装配体中拆下齿轮轴24的具体步骤。

(4) 调整填料压盖为什么采用双头螺柱18,而不采用螺钉?

(5) 请拆画阀盖1、阀体14、上封盖16的零件图。

*(6) 此快速阀上左右各有一个$\phi 28$的孔,分别为进口和出口。如果把其底部的孔$\phi 38$改作进口,再将阀体14等几个相关零件稍做改进,让从底孔进入的流体通过手柄的转动而达到从左孔或右孔流出。试按此"一进二出"的设想画出改进设计后的快速阀装配图,并拆画出新设计的阀体、阀盖的零件图(做此读图问题的学生,不做读图问题(5))。

题目4.齿轮油泵功用说明和读图问题(装配图见第91页)

功用说明

齿轮油泵是在液压系统中提供压力油的部件。齿轮油泵的主要部分由两相互啮合的齿轮组成,工作时通过齿轮的旋转,从进油口将低压油吸入,然后随着齿轮旋转,将充满齿轮轮齿间的油送到出油口,得到所需压力油。

在泵盖7上有一套安全装置,它由阀门8、弹簧9、压板10及调节杆12等组成。当出油口的油压过高时,高压油可以克服弹簧的压力,冲开阀门8流回进油口,使出口处的压力迅速下降至规定数值。弹簧9的压力大小可由调节杆12调节。泵盖7的右侧有两个圆孔,上面的孔连接进油口,下面的孔连接出油口。由于这两个孔与进、出油口分别位于两个相互垂直的平面内,所以在泵盖的端面中部铣出了两个斜槽(见B向视图),使它们互相沟通。

圆柱销20和21是定位用的,以保证泵体1、中泵体5与泵盖7的准确装配。

读图问题

(1) A—A剖视的主要目的是什么?

(2) 从主视图左端看,主动轴18的旋转方向如何?齿轮油泵如何吸油和打油?油压过高时,回油路径是怎样的?

(3) 当需要调高出油口的油压时,操作步骤如何?压板10为何左右两边要凸起?

(4) 阀门8上的螺纹孔有什么用途?

(5) 主动轴18如何拆出?

(6) 拆画泵体1、泵盖7、齿轮15及主动轴18的零件图。

*(7) 此油泵中泵盖上安全装置的轴线为铅垂线,如果允许将此轴线改为正垂线,即把安全装置的轴线旋转90°,使其与进出油口轴线的方向一致,这样改进后可省去中泵体5。试画出按此方案改进后的齿轮油泵泵盖的零件图。

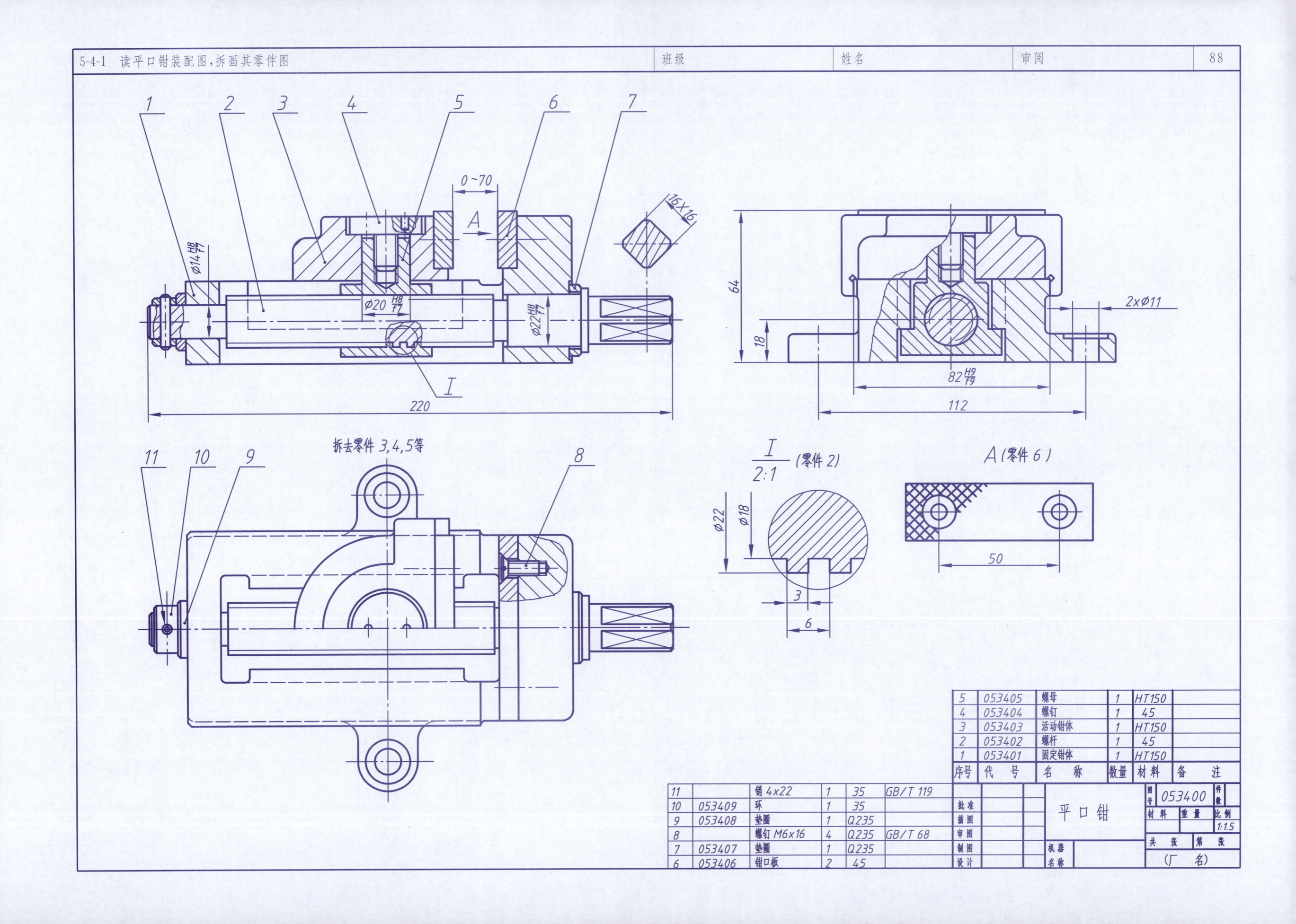

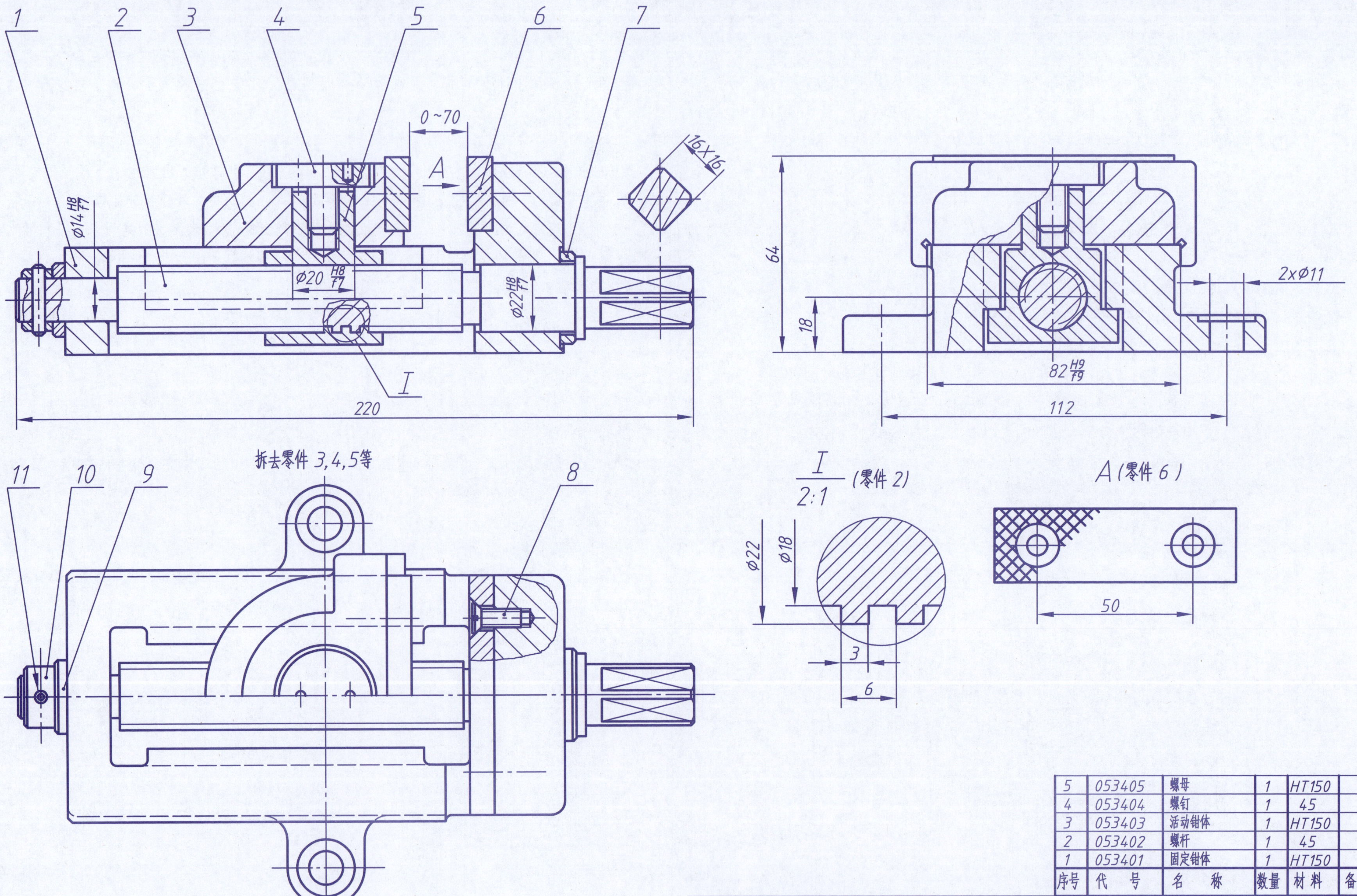

| 5-4-1 读平口钳装配图,拆画其零件图 | 班级 | 姓名 | 审阅 | 88 |

5	053405	螺母	1	HT150	
4	053404	螺钉	1	45	
3	053403	活动钳体	1	HT150	
2	053402	螺杆	1	45	
1	053401	固定钳体	1	HT150	
序号	代号	名称	数量	材料	备注

11		销 4x22	1	35	GB/T 119
10	053409	环	1	35	
9	053408	垫圈	1	Q235	
8		螺钉 M6x16	4	Q235	GB/T 68
7	053407	垫圈	1	Q235	
6	053406	钳口板	2	45	

图号 053400

名称 平口钳

比例 1:1.5

机器名称

(厂名)

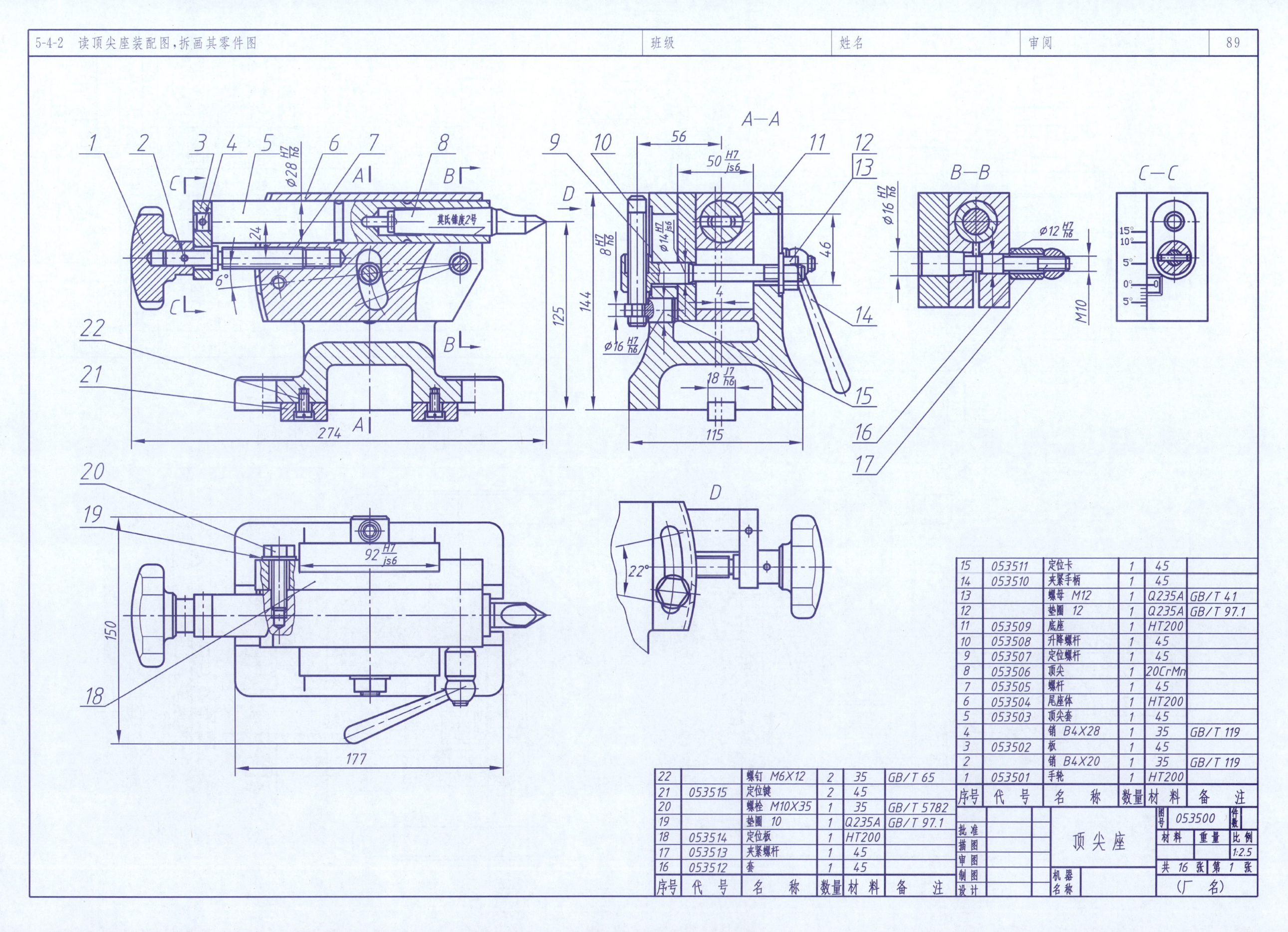

序号	代号	名称	数量	材料	备注
15	053511	定位卡	1	45	
14	053510	夹紧手柄	1	45	
13		螺母 M12	1	Q235A	GB/T 41
12		垫圈 12	1	Q235A	GB/T 97.1
11	053509	底座	1	HT200	
10	053508	升降螺杆	1	45	
9	053507	定位螺杆	1	45	
8	053506	顶尖	1	20CrMn	
7	053505	螺杆	1	45	
6	053504	尾座体	1	HT200	
5	053503	顶尖套	1	45	
4		销 B4×28	1	35	GB/T 119
3	053502	板	1	45	
2		销 B4×20	1	35	GB/T 119
1	053501	手轮	1	HT200	
22		螺钉 M6×12	2	35	GB/T 65
21	053515	定位键	2	45	
20		螺栓 M10×35	1	35	GB/T 5782
19		垫圈 10	1	Q235A	GB/T 97.1
18	053514	定位板	1	HT200	
17	053513	夹紧螺杆	1	45	
16	053512	套	1	45	

5-4-2 读顶尖座装配图,拆画其零件图

班级　　姓名　　审阅

图号 053500 顶尖座 比例 1:2.5 共 16 张 第 1 张

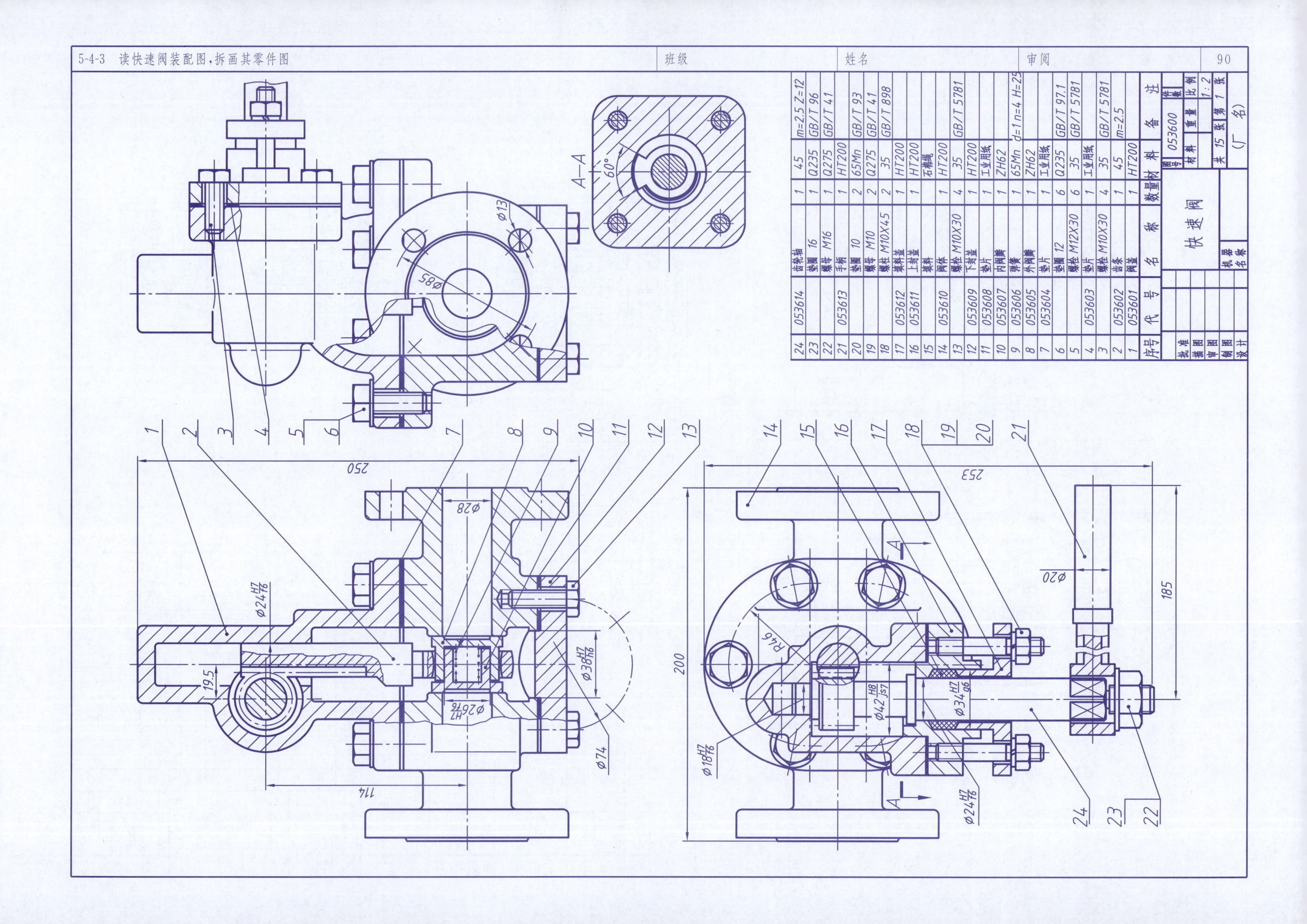

5-4-3 读快速阀装配图，拆画其零件图

序号	代号	名称	数量	材料	备注
24	053614	齿轮轴	1	45	m=2.5 Z=12
23	053613	垫圈 16	1	Q235	GB/T 96
22		螺母 M16	1	Q275	GB/T 41
21	053612	手柄	1	HT200	GB/T 93
20		垫圈 10	2	65Mn	GB/T 93
19		螺母 M10	2	Q275	GB/T 41
18	053611	螺柱 M10X45	2	35	GB/T 898
17	053610	填料盖	1	HT200	
16		填料		石棉绳	
15	053609	阀体	1	HT200	
14	053608	螺栓 M10X30	4	35	GB/T 5781
13	053607	下封盖	1	HT200	
12		垫片	1	工业用纸	
11	053606	内阀芯	1	ZH62	d=1 n=4 H=25
10	053605	弹簧	1	65Mn	
9	053604	外阀芯	1	ZH62	
8		垫片	1	工业用纸	
7		垫圈 12	6	Q235	GB/T 97.1
6	053603	螺栓 M12X30	6	35	GB/T 5781
5		垫片	1	工业用纸	
4	053602	螺栓 M10X30	4	35	GB/T 5781
3		齿条	1	45	m=2.5
2	053601	筒座	1	HT200	
序号	代号	名称	数量	材料	备注

机器名称：快速阀　图号 053600　比例 1:2　重量　共 15 张 第 1 张 （厂名）

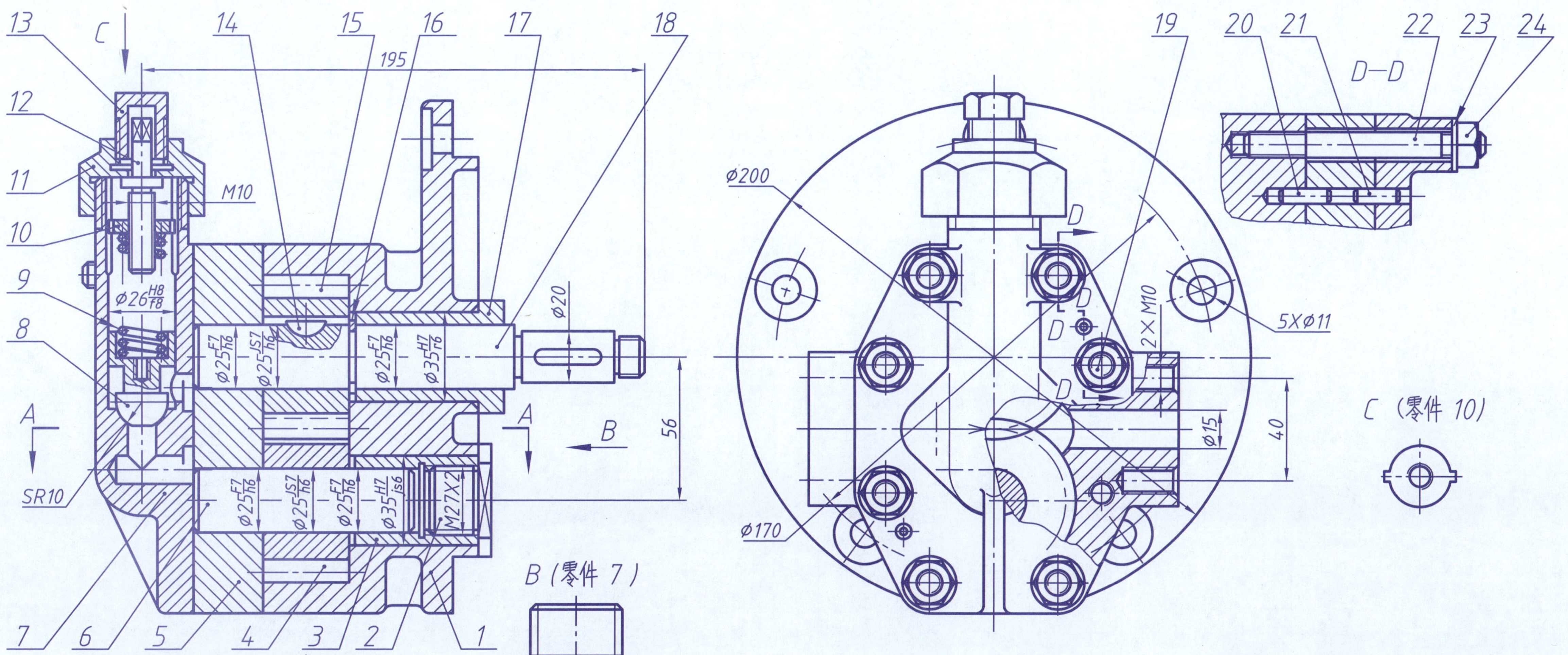

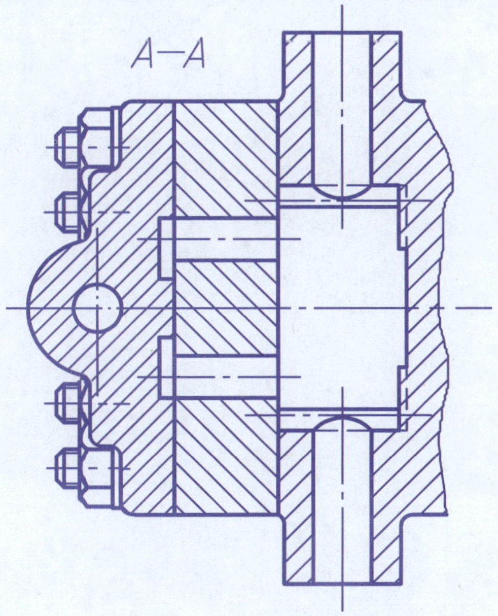

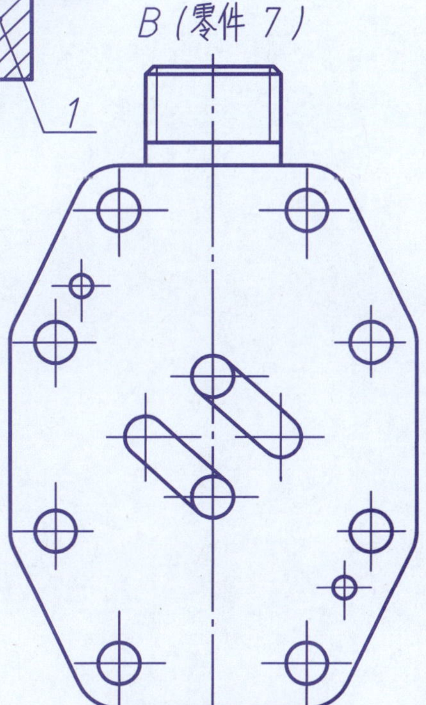

齿轮油泵装配图

序号	代号	名称	数量	材料	备注
15	053714	齿轮	1	45	m=4,Z=14
14		半圆键 6×22	1	45	GB/T 1099
13	053713	罩子	1	Q275	
12	053712	调节杆	1	35	
11	053711	盖螺母	1	Q275	
10	053710	压板	1	Q235	
9	053709	弹簧	1	65Mn	n=8,d=3,D=13
8	053708	阀门	1	45	
7	053707	泵盖	1	HT200	
6	053706	轴	1	45	
5	053705	中泵体	1	HT200	
4	053704	齿轮	1	45	m=4,Z=14
3	053703	衬套	1	ZQSn-6-3	
2	053702	螺塞	1	Q275	
1	053701	泵体	1	HT200	

序号	代号	名称	数量	材料	备注
24		螺母 M10	8	Q275	GB/T 41
23		垫圈 10	8	Q235	GB/T 97.1
22		螺柱 M10×70	2	35	GB/T 898
21		圆柱销 D6×18	2	45	GB/T 119
20		圆柱销 D6×20	2	45	GB/T 119
19		螺柱 M10×55	6	35	GB/T 898
18	053716	主动轴	1	45	
17	053715	衬套	1	ZQSn-6-3	
16		挡圈 25	1	65Mn	GB/T 894.1

图号 053700　名称 齿轮油泵　比例 1:2　共 17 张 第 1 张

5-4-4 读齿轮油泵装配图，拆画其零件图

参考文献

[1] 石光源,周积义,彭福荫. 机械制图习题集[M]. 3 版. 北京:高等教育出版社,1990.

[2] 全国技术产品文件标准化技术委员会 中国标准出版社第三编辑室. 技术产品文件标准汇编 机械制图卷[M]. 2 版. 北京:中国标准出版社,2009.

[3] 国家技术监督总局. 中华人民共和国国家标准 GB/T 13361—1992 技术制图通用术语[M]. 北京:中国标准出版社,1992.

[4] 中华人民共和国国家质量监督检疫总局. 中华人民共和国国家标准 GB/T 197—2003 普通螺纹 公差[M]. 北京:中国标准出版社,2003.

[5] 国家标准局. 中华人民共和国国家标准 GB/T 71—1985 开槽锥端紧定螺钉[M]. 北京:中国标准出版社,1985.

[6] 国家技术监督总局. 中华人民共和国国家标准 GB/T 41—2000 六角螺母 C 级[M]. 北京:中国标准出版社,2000.

[7] 中华人民共和国国家质量监督检疫总局. 中华人民共和国国家标准 GB/T 97.1—2002 平垫圈 A 级[M]. 北京:中国标准出版社,2002.

[8] 中华人民共和国国家质量监督检疫总局. 中华人民共和国国家标准 GB/T 97.2—2002 平垫圈 倒角型 A 级[M]. 北京:中国标准出版社,2002.

[9] 中华人民共和国国家质量监督检疫总局. 中华人民共和国国家标准 GB/T 1096—2003 普通型 平键[M]. 北京:中国标准出版社,2003.

[10] 中华人民共和国国家质量监督检疫总局. 中华人民共和国国家标准 GB/T 1095—2003 平键 键槽的剖面尺寸[M]. 北京:中国标准出版社,2003.

[11] 国家技术监督总局. 中华人民共和国国家标准 GB/T 119.1—2000 圆柱销[M]. 北京:中国标准出版社,2000.

[12] 国家技术监督总局. 中华人民共和国国家标准 GB/T 117—2000 圆锥销[M]. 北京:中国标准出版社,2000.

[13] 国家技术监督总局. 中华人民共和国国家标准 GB/T 3505—2009 产品几何技术规范(GPS)表面结构 轮廓法 术语 定义及表面结构参数[M]. 北京:中国标准出版社,2009.

[14] 国家技术监督总局. 中华人民共和国国家标准 GB/T 1031—2009 产品几何技术规范(GPS)表面结构 轮廓法 表面粗糙度参数及其数值[M]. 北京:中国标准出版社,2009.

[15] 中华人民共和国国家质量监督检疫总局. 中华人民共和国国家标准 GB/T 1801—2009 产品几何技术规范(GPS)极限与配合 公差带和配合的选择[M]. 北京:中国标准出版社,2009.